手机简史

党鹏　罗辑·著

·北　京·

图书在版编目（CIP）数据

手机简史/党鹏，罗辑著．—北京：中国经济出版社，2020.5
（改变我们生活的商业简史）
ISBN 978-7-5136-5903-1

Ⅰ.①手… Ⅱ.①党… ②罗… Ⅲ.①移动电话机-技术史-世界 Ⅳ.①TN929.53-091

中国版本图书馆CIP数据核字（2019）第194593号

特约监制 陶英琪
策划编辑 崔姜薇
责任编辑 张 博
责任印制 马小宾
特约编辑 李姗姗 马 玥 潘虹宇
营销编辑 魏振芳 zhenfang.wei@ lanshizi.com
封面设计 任燕飞装帧设计工作室

出版发行 中国经济出版社
印 刷 者 北京柏力行彩印有限公司
经 销 者 各地新华书店
开 本 880mm×1230mm 1/32
印 张 9.875
插 页 0.5
字 数 171千字
版 次 2020年5月第1版
印 次 2020年5月第1次
定 价 42.00元
广告经营许可证 京西工商广字第8179号

中国经济出版社 网址 www.economyph.com 社址 北京市东城区安定门外大街58号 邮编 100011
本版图书如存在印装质量问题，请与本社销售中心联系调换（联系电话：010-57512564）

PREFACE
前言：手机让未来更美好

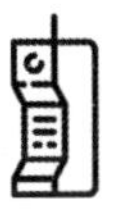

HANDSET 01
“大哥大”的江湖

“手机之父”逆袭传奇 / 004

大哥的“大哥大” / 014

告别人哥大 / 021

HANDSET 02
BP 机，别在腰间的传奇

BP 机的诞生 / 029

中国的传呼时代 / 032

波导与摩托罗拉的对决 / 037

消失在时光里 / 042

HANDSET 03
巨头们的时代

迷雾中萌芽——巨头们的基因 / 052
巨头们的“更迭” / 058
陨落的巨头 / 070

HANDSET 04
中国品牌崛起

从代工到自主生产 / 086
2011 年的命运变局 / 093
抓紧运营商的品牌们 / 103
差异化路线的王者们 / 109

HANDSET 05
小灵通：夹缝里的生存

豪赌小灵通 / 121

从神坛跌落 / 127

小灵通退市 / 131

HANDSET 06
手机操作系统大战

谷歌安卓：合纵连横 / 138

苹果 iOS：“独孤求败” / 145

谁主沉浮？ / 150

中国自主手机系统生死劫 / 154

HANDSET 07
疯狂的山寨手机

被抛离的华强北 / 163

山寨手机的缘起 / 167

山寨手机的罪与罚 / 170

山寨转正之路 / 176

HANDSET 08
手机屏幕里的 App 狂潮

App 狂欢 / 184

直播 App 新生态 / 193

中国第三方移动支付领跑全球 / 197

HANDSET 09
一个“苹果”引发的行业革命

非凡之人造就非凡产品 / 208

商业模式革命 / 214

HANDSET 10
芯片的战争

中兴通信的“至暗时刻” / 228

被垄断的芯片 / 230

不断缩小的芯片竞争 / 236

被围剿中的“中国芯” / 239

5G 时代的芯片战争 / 243

HANDSET 11
“向死而生”的国产手机品牌

城头变幻大王旗：国产品牌“大洗牌” / 252

生机勃勃的“死亡之境” / 258

剩者为王的时代 / 261

HANDSET 12
5G 畅想：开启万物互联新时代

5G 已然触手可及 / 270

智能未来：制造业迭代 / 273

5G 的中国时间 / 279

参考资料 / 287

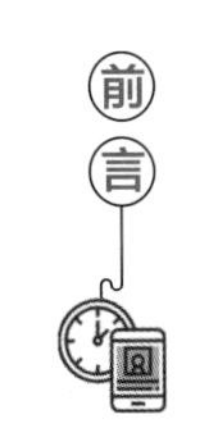

手机让未来更美好

“啊——呜!”在人类进化的历史进程中，当语言——或者说简单却含有意义的声音符号，从古猿抑或古人类的声带上发出的时候，人类就具有了社会学意义上的交流与劳动的协作，这也揭开了人类通信史发展的新篇章。此后的每一次演变，无论是击鼓鸣号还是狼烟四起，飞鸽传信还是驿马驿站，都是为了让信息传递得更快、更远、更准确。

但是，从周幽王烽火戏诸侯演绎出一场“褒姒一笑失天下”的历史悲剧到“烽火连三月，家书抵万金”“马上相逢无纸笔，凭君传语报平安”，足见因为古代交通的不便、通信手段的落后，导致信息的传递成本高昂。因此，在中国古代神话传说中的千里眼、顺风耳，就是那时人们对最快、最好的信息传递方式的想象。这样的神化人物不仅出现在《封神演义》《西游记》这样的经典文学作品之中，还出现在《葫芦兄弟》这样的神话传说中。这种对人耳朵、眼睛进行的神话般地想象和演绎，凸显出人们对通信方式和通信工具不断突破、不断变革的强烈愿望。

一、 人类信息传递推动通信变革

近代，随着电的发明以及广泛应用，信息的生产、传递和应用有了一个质的飞跃，也推动着人类生活方式和生产方式的变革。

在1837年，美国一位失意的画家塞缪尔·莫尔斯（Samuel Morse）成功地研制出世界上第一台电磁式电报机。他利用自己设计的电码（被后人命名为“莫尔斯电码”），将信息转换成一串或长或短的电脉冲传向目的地，通过接收器接收后再转换为原来的信息，从而实现了长途电报通信。1844年5月24日，莫尔斯在国会大厦联邦最高法院会议厅用“莫尔斯电码”发出了人类历史上的第一份电报，这份电报的内容是“上帝创造了什么”。此后的10年间，美国境内就铺设了2.3万英里（约3.7万公里）的电报线。[1]

由此，人类才真正摆脱了只依赖眼睛和声音，以及驿马驿站

① 百度百科，电报机［EB/OL］，2017-02-28，https://baike.baidu.com/item/%E7%94%B5%E6%8A%A5%E6%9C%BA/4602383).

对信息的长距离传递，开始采用电信号作为新载体传递信息。这一发明实现了信息的及时、跨区域、低成本传递，推动人类从此进入通信的新时代。

实际上，早在1871年，当时的上海就秘密开通了电报。随后在1879年，时任清政府直隶总督兼北洋通商大臣的李鸿章在中国修建了第一条军用电报线路，接着又开通了津沪电报线路，并在天津设立电报总局。这样的节奏，凸显出中国在通信领域的与时俱进。

1875年，苏格兰青年亚历山大·贝尔（A. G. Bell）发明了世界上第一台电话机，语音传递实现了跨区域性和即时性的完美结合；1888年，德国青年物理学家海因里希·赫兹（H. R. Hertz）发现了电磁波的存在，由此推动了无线电的诞生和电子技术的发展。此后不到6年的时间，俄国的亚历山大·斯塔帕诺维奇·波波夫（Alexander Stepanovich Popov）、意大利的伽利尔摩·马可尼（Guglielmo Marconi）分别发明了无线电报，实现了信息的无线电传播。

与此同时，信息传播也出现了多样的传播工具，呈现出多维度以及立体化的传播方式：

在20世纪20年代末期，美国人费罗·T. 法恩斯沃斯（Philo T. Farnsworth）、英国人约翰·洛吉·贝尔德（John Logie Baird）、俄罗斯人维拉蒂米尔·斯福罗金（Vladimir Zworykin）[1]三人相继发明电视机，尤其是在1928年，美国全国广播公司（NBC）播放了由美国无线电公司（RCA）传送的测试模型“菲力猫”，这成为第一个在电视上播放的短片，从此信息实现了视听同步传播；

1925年美国无线电公司研制出第一部实用的传真机以后，文字和图片得以远距离实时传递；

1946年美国宾夕法尼亚大学的约翰·埃克特（John presper Eckert Jr.）和莫克利（John·W. Mauchly）研制出了世界上第一台电子计算机；

20世纪80年代末，随着多媒体技术的兴起尤其是互联网的全球化应用，使得计算机不仅具备了综合处理文字、声音、图像、影视等各种信息的能力，而且日益成为信息处理最重要和必不可少的工具，更是让人类在信息传递上实现了全球化。

梳理如此之多的发明创造，可以看到人类在信息传递领域不断地追求：越来越多的通信工具为人类服务的同时，也改变着人类的生活和生产方式，开阔着人类的视野，推动着人类文明的传播、交流与延续。这场跨越时空的信息革命，甚至引导人类尝试

① 维拉蒂米尔·斯福罗金出生于俄罗斯，于1919年到达美国，1924年加入美国籍。

以自己的信息传递方式向外太空延展，期望实现与外星生命的沟通与交流。

同时，也正是随着通信工具的不断发明和革新，人类的通信成本也越来越低，甚至在今天可以被忽略为零。在《零边际成本社会》《第三次工业革命》的作者美国经济学家杰里米·里夫金(Jeremy Rifkin)博士看来，“所有变革，主要都是来自三大领域：第一个是通信交流上的变革。我们有了新的通信工具、交流工具，能更有效地改善沟通，并且进行管理和组织；第二个是能源和能量方面的变革。我们有了更高的能源或者更强大的能源，从而能够驱动机械，进行生产。第三个是交通方式的变革。有了新的交通方式，我们就可以更好地对人、物进行空间转移。”由此可见，通信变革作为社会变革的三大要素之一，使得人们不再被禁锢于“通信基本靠吼、交通基本靠走”的落后、荒蛮的生存状态。

今天，我们经常探讨“世界是平的”这一命题。世界的“扁平化”进程，一方面是由于飞机、轮船、火车等交通工具带来的变化；另一方面就是通信革命带来的变化。只有以即时性、跨越地域的声频、视频作为媒介，并基于互联网尤其是移动互联网的通信，才能够推动和实现“世界是平的”这一趋势。自然，手机成为这个时代最佳的通信终端选择。

二、 手机发展将历经5个阶段

在1973年4月的一天，一名站在纽约街头的男子掏出了一个砖头般大小的无线电话（或者叫无绳电话），并举着这块砖头一个人自言自语了好一会。他的怪异行为引得路人纷纷侧目，人们以为他是哪位艺术家在街头表演行为艺术，或者他是从精神病院逃跑出来的病人。

这个人就是手机的发明者马丁·库帕（Martin Lawrence Cooper），他当时正在给贝尔电话实验室的一位专家拨打电话——因为这位专家曾经拒绝过他的求职申请。后来，中国人给马丁·库帕举着的那块“砖头”起了一个划时代、充满江湖气息的专用名字——大哥大。当时，库帕是美国著名的摩托罗拉公司的工程技术人员，或许发明这块“砖头”的库帕也不会想到，手机会成为人类今天最为依赖的通信工具，并以此链接世界，推动社会经济、文化的巨大变革。

随后，我们看到了手机市场的千姿百态，从砖头般的“大哥大”到小型手机，从黑白屏手机到彩屏手机，从按键手机到触屏手机，从各种直板或者折叠手机到如今的软屏可折叠、可穿戴手机通信设备等，不仅手机的形态在发生着变化，通信技术更是得以迅速地发展。从最初的模拟移动通信网络，发展到今天的5G

技术。

在手机行业，如此斑斓多彩的产品形态，以及在短短三四十年间突飞猛进的技术，彰显出人类对信息传递方式和工具的不断突破与创新。这样的变革，一方面使得我们获得信息和传递信息的边际成本越来越低，直至趋向于零边际成本——如通信运营商以零价格赠送给消费者手机硬件，或者赠送免费的通话、上网时段，以此获得更大的市场占有率；另一方面手机通信带来的直接或者间接收益——包括经济、文化活动以及情感交流，越来越凸显出特有的“高收益”，使得我们再也无法离开手机所带来的前所未有的便利性，手机甚至将成为我们身体的一部分——正在快速发展中的可穿戴设备便是如此。

纽约福德汉姆大学教授保罗·莱文森（Paul Levinson）在《手机：挡不住的呼唤》一书中如此描述到：“仿佛是一个有灵气的细胞，手机在分裂繁殖的过程中和其他的细胞互动、结合，从而产生新的有机体；就像是一个强大的火花塞，手机点燃了技术进化与人类生活的发动机。”因此，“无论走到哪里，手机都能够生成新的社会、新的可能、新的关系”。手机近50年的发展史，证明的确如此。总体来看，手机的发展史可以归结为以下五个阶段，呈现出其“分裂繁殖”所带来的巨大变化，并由此“生成新的社会、新的可能、新的关系”。

第一阶段，手机从最初以满足通话为主的基本功能性需求开始的，这一阶段主要是以模拟信号支撑下的“大哥大”时代为主。在满足通信基本功能的同时，由于硬件价格和话费都非常高昂，手机一度成为身份、财富、权力的象征，这样的“展示效应”超过了其他奢侈品所能够带来的心理满足感。

第二阶段，始于手机价格的持续走低并最终平民化，大众的需求推动手机成为一种“多功能”的通信工具。这以1997年诺基亚的产品变革为标志性事件。当时，诺基亚在手机中安装了贪吃蛇、记忆力和逻辑猜图3款游戏，开创了发展至今的“手游”产业，同时也极大地扩展了手机的功能——从游戏发展到短信、音乐、照相、彩信等。

第三阶段即为手机移动互联网阶段。在2G时代手机开始支持上网功能，能够通过手机看书、读图；3G时代，用户即可随时随地接打视频通话；4G时代，网络速度被大大提升，用户可以在线观看高清视频。以苹果手机为代表的智能手机推动了移动支付的实现，基于移动互联网的消费浪潮，使得手机“真正点燃了技术进步与人类生活的发动机”，开创了全新的商业模式。

第四阶段则是5G技术支撑下的手机大变革时代。业界认为，5G之前的1G到4G技术，实现的是人与人之间的链接，而5G实现的则是人与物之间的链接；5G之前的移动互联网是一种消费互联网，5G 之后的移动互联网则是产业互联网。

2018 年 6 月 14 日，3GPP①正式批准第五代移动通信（5G）独立组网标准冻结，这标志着首个完整版的全球统一的 5G 标准出炉。由此，2018 年正式成为 5G 元年，从 2019 年开始个别国家将试水商用，并在 2020 年进入大规模商用。

就在此书付印前夕，2019 年 6 月 6 日，工业和信息化部正式向中国电信、中国移动、中国联通、中国广电发放四张 5G 商用牌照，这标志着中国正式进入 5G 商用元年。这无疑是推动全球 5G 发展的加速度，也展示出此时这场中美贸易摩擦中的中国力量。

从腕表等可穿戴移动终端开始，借助物联网技术以及未来 5G 的普及和发展，手机成为生活、生产中必不可少的智慧终端。尤其是 VR 技术和 AR 技术②，将发挥其在移动终端的优势，增强现有的虚拟体验，拓展出全新的应用场景，真正解决企业和用户在生产、生活中的痛点，充分挖掘和激发产业的价值链。

在 2018 年底，爱立信东北亚地区首席市场官张至伟接受笔者

① 3GPP 成立于 1998 年 12 月，即世界电信标准组织伙伴签署的《第三代伙伴计划协议》。

② 虚拟现实技术 Virtual Reality，简称 VR；增强现实技术 Augmented Reality，简称 AR。

采访时介绍，爱立信关于5G发展的研究报告认为，到2026年5G带来的收入，将达到1.307万亿美元，其中高达47%即6190千亿美元可被运营商赢得。此外，运营商具备额外增长潜力的10个垂直行业领域分别为：制造、能源工业、公共安全、健康、公共交通、媒体娱乐、汽车、金融服务、零售和农业。由此可见，5G不仅是一个新经济的大蛋糕，更是产业和社会变革的新引擎。

第五阶段，即为人、机、物合一的阶段，让我们的想象最终变为现实。正如科幻电影中“预演”的一样，未来人类或将在体内植入类似于手机芯片的智能系统，并以此实现人与其他所有智能终端的“万物互联”，那么人类又将演变或者进化为一种什么样的生物体或者新物种？这样的想象让未来充满了挑战和不确定性。

正如小米创始人雷军在为《信息简史》所写的序言那样：“信息是人类的镜子，它在技术更新与模式兴替中展现出变化万端的色彩。但我们回顾人的心灵，却发现它在千百年来并没有太多的变化。‘科技的互联网’不能描述信息的全部，信息只有作用于思维，才能显示出强大的力量。”

三、 手机正在推动全球商业变革

现代社会人们已然无法脱离手机生活了，行走、睡觉、工作、社交、购物……手机可以满足我们当前生活和工作当中的诸多需求，成为身体延伸的一部分。

根据工业和信息化部无线电管理局（国家无线电办公室）编制的《中国无线电管理年度报告（2018 年）》显示，2018 年中国移动电话用户总数达到 15.7 亿户，移动电话用户普及率达到 112.2 部/百人；4G 基站总数达到 372 万个，4G 用户总数达到 11.7 亿户，而中华人民共和国政府网的 2017 年国民经济和社会发展统计公报显示，全国人口数为 13.9008 亿。由此，可见中国移动电话的普及率之高。

美国媒体机构 Zenith 发布的研究报告预测[①]，在 2018 年，全球智能手机用户数量将会继续增长。其中，中国智能手机用户数量将位居全球第一，达到 13 亿。印度将会排在第二位，拥有 5.3 亿智能手机用户。美国排在第三位，但是较第一、二位的差距较大，只拥有 2.29 亿智能手机用户。

Zenith 公司估计，在 2017 年，有 59% 的互联网广告费用投入到了移动设备上。在 2018 年和 2019 年，这个数字分别有望达到 59% 和 62%。

中国移动电话数量的增长，已经引发和推动了中国在商业领域的诸多变革——是基于硬件设备、通信技术、人口基数、消费

① 电子信息产业网，预测称中国智能手机用户明年将达 13 亿印度美国分列二三名［EB/OL］，2017 - 10 - 18，http：//www.cena.com.cn/industrynews/20171018/89727.html.

需求等因素的变革，也是手机带来的应用场景的变化、是催生巨大市场需求的变化、是促进商业模式顺应市场的变化。

“对于大多数用户和广告商来说，移动互联网现已成为人们最常使用的网络。”Zenith 公司预测和全球智能负责人乔纳森·巴纳德（Jonathan Barnard）说。2018 年，移动设备占据人们 73% 的上网时间；在 2017 年，这个数字为 70%。到 2019 年，移动设备将占用人们 76% 的上网时间。[①]

手机占据了人们更多上网时间的原因，在于手机提供的更多功能、内容和服务。尤其是社交领域——脸书（Facebook）、推特（Twitter）、微信、微博的应用，大多数是通过手机终端来实现的。根据腾讯发布的财报显示，截至 2018 年底，微信及 WeChat 的合并月活跃账户数增至约 10.98 亿。每天平均有超 7.5 亿微信用户阅读朋友圈的发帖。[②]微信已成为国内最大的移动流量平台之一。

此外，移动支付为手机带来了更多的应用场景，并以此激发了诸多领域的创新和创业，如以共享单车、滴滴出行为代表的移

---

① 电子信息产业网，预测称中国智能手机用户明年将达 13 亿 印度美国分列二三名［EB/OL］，2017 - 10 - 18，http：//www.cena.com.cn/industrynews/20171018/89727.html.

② 亿邦动力网，腾讯：截至 2018 年底微信和 WeChat 合并月活跃账户数增至 11 亿［EB/OL］，2017 - 10 - 18，http：//www.ebrun.com/ebrungo/zb/325912.shtml.

动互联网出行，美团、大众点评为代表的移动互联网餐饮，等等。

中国互联网协会发布的《中国互联网产业发展报告（2018）》显示，2018 年，我国信息消费市场规模继续扩大，信息消费的规模约5 万亿元，同比增长 11%，占 GDP 比例提升至 6%。由此可见，中国的信息服务消费规模首次超过信息产品消费，信息消费市场出现结构性改变。此外，艾媒咨询（iiMedia Research）数据显示，2017 年中国移动支付交易规模增至 202.9 万亿元，移动支付用户规模达 5.62 亿人。该机构分析认为，2018 上半年中国移动支付交易规模持续增长，增长率为 28.7%，预计 2018 年移动支付用户累计用户数规模有望达 6.5 亿人。[①]基于此，艾媒咨询分析师认为，随着支付宝、微信在移动支付领域业务的深耕，中国移动支付应用的场景将更加多元。

这些商业变革，来自手机屏幕上小小的“App”。在 2018 年，苹果公司在庆祝 App Store 10 周年的纪念活动上，回顾了 App Store 的发展历程。该公司发布数据指出，自这一应用平台上线后，开发者从 App Store 获得的收入已经累计超过 1000 亿美元。[②]

① 艾媒网，2018 上半年中国移动支付市场监测报告［EB/OL］，2018－09－25，https：//www.iimedia.cn/c400/62540.html.

② 腾讯科技，乔布斯十年前专访曝光 断定 App Store 未来潜力无穷［EB/OL］，2018－09－25，http：//tech.qq.com/a/20180727/031844.htm.

但在 App 诞生的第一个月，苹果在 App Store 的总营收是 3000 万美元。开发者拿走其中的 70%，也就是 2100 万美元。后来，乔布斯曾畅想未来能够实现 10 亿美元级别的营收。“未来的手机将通过 App 来区分。”今天，在 iOS 和 Android 时代，乔布斯的预测也已经成真。

不仅如此，手机已然成为继互联网之后的“第五媒体”，如微博、推特（Twitter）这样的应用 App，就是为了智能手机而生的。创办 15 年的 Facebook（脸书），在 2018 年的月度用户量已经达到 23.2 亿，首度超过了世界上最大宗教基督教的信徒数量，并在 2018 年实现了 550 亿美元的营业收入，利润为创纪录的 220 亿美元[①]。

被称为中国版推特（Twitter）的新浪微博，其发布的《2018 微博用户发展报告》显示，截至 2018 年第 4 季度末，微博月活跃用户达 4.62 亿，连续三年增长 7000 万 +。

此外，更多的传统媒体已然将自己的阅读服务和视频终端放在了手机页面上，并期望通过 5G 技术转型升级为“融媒体”，比

① 动点科技，Facebook 第 4 季度净利润同比增长 30%，2018 全年月活跃用户数达 23.2 亿［EB/OL］，2019 - 01 - 31，https：//cn.technode.com/post/2019 - 01 - 31/facebook - q4 - 2018 - financial - report.

如国外的 Youtube、国内的抖音、快手等短视频平台。由此，手机作为新媒体终端的广泛应用，推动着手机文化、信息传播、商业应用的变革，甚至于深刻影响到一个国家的文化软实力。

在《世界是平的：21 世纪简史》一书中，作者托马斯·弗里德曼（Thomas L. Friedman）分析了21 世纪初期全球化的过程。书中主要的论题是“世界正在被抹平”，这是一段个人与企业通过全球化得到权力的过程。作者在分析这种快速的改变是如何透过科技进步与社会分工逐步实现时，认为主要是通过诸如手机、网络、开放源代码程式等所产生的。随着移动互联网的发展，世界正在被手机这个巨大的“熨斗”抹平，推动着全球各种要素的交互性流动。

四、 梳理手机背后的商业故事和智慧

基于此，我们期望通过《手机简史》这本小书，梳理手机近 50 年的发展历程中，对人类生活、生产方式所产生的巨大影响。尤其是手机生产、研发相关的企业，他们如何不断加强手机的产品创新、技术创新，他们如何应对行业残酷的竞争，他们在产业方向上的抉择与痛苦，他们在市场营销和商业模式中的探索与突围。

今天，历数那些曾经如星星般熠熠生辉的手机品牌：摩托罗

拉、诺基亚、西门子、爱立信、飞利浦、三星、苹果等，他们曾经研发出了手机的诸多技术，他们生产的诸多产品为消费者提供了丰富的听觉和视觉享受，以及充满创意的新奇用户体验。有很多品牌都是手机通信时代伟大的发明者和创造者，他们有的就如同夜空中的流星，即使一扫而过，但也曾划亮夜空。

在中国手机市场，国产品牌从最初的代加工到合资生产，到自创品牌、自主研发，再到参与全球手机市场的竞争，我们走过了一条充满艰辛和挑战的创新之路。那些曾经给中国人带来诸多惊喜、抱怨和温馨回忆的手机品牌，诸如熊猫、波导、长虹、多普达、科健、金立等，加上过渡性的 BP 机、小灵通等，如今已然与我们渐行渐远，有的品牌甚至已经了无生息，它们将成为收藏品永远存放在我们的记忆里，与我们一同见证从“大哥大”到智能手机的时代发展与跨越。

同时，我们也看到华为、小米、vivo、OPPO 这些品牌的崛起，他们已然成为可以与苹果、三星在中国市场，乃至于全球市场对抗的国产品牌。但是，另一方面中国手机又不得不面对芯片受制于人的尴尬境地，在产业链条上的突围和发展，还有待于技术的创新与突破。一场有关芯片的战争，此刻正在全球如火如荼地进行，究竟鹿死谁手，还有待时间的验证。

正如诺基亚前董事长兼 CEO 约玛·奥利拉（Jorma Jaakko

Ollila）道出的那句困惑："我们并没有做错什么，但我们还是输了。"在手机行业，手机产品与技术的发展日新月异，见证了无数品牌的兴衰，让我们唏嘘不已。随时可能到来的变数和挑战，也让手机行业的未来变得惊心动魄。

我们难以在这本《手机简史》中一一梳理那些失败或者成功的手机品牌背后的商业故事和商业逻辑，但我们期望通过这本小书展示手机带来的技术革新、行业变局、产业发展，在横向与纵向上的价值变革，以及这个由手机联通的世界为我们打开的广阔视野。

在写作中，作者参阅了大量的行业书籍和相关资料，未能一一标注，只能在此一并表示感谢，并在附录的参考书目中列出。

在史蒂文·斯皮尔伯格（Steven Spielberg）执导的科幻电影《头号玩家》之中，游戏设计者詹姆斯·哈利迪（James Halliday）对闯关成功的男主人公韦德·沃兹（Wade Watts）说，"谢谢你玩我的游戏"。借此，我们也想对读者说："谢谢你阅读这本书。"

HANDSET 01

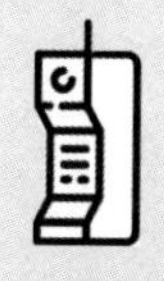

“大哥大”的江湖

HANDSET 01

现代手机发明者马丁·库帕曾说过，“我一直坚持一个信念，人是生而移动的，人从根本上、本质上是移动的个体，人们最终是要无线连接的，这是一场革命。”实际上，人类从原始时代的狩猎活动开始就需要在不断变化的位置中，不断地传递信息才能确保一场完美的狩猎。

移动电话、无绳电话，是手机的另一种称呼，和固定电话、有线电话相对应。它的问世代表了一个崭新通信时代到来。这个时代更加顺应人类运动不息、通信不止的生活和生存本质。第一款移动电话是如何诞生的？ 它为何在中国被称为“大哥大”？ “大哥大”所承载的又是何种故事？

在这段往事里，有着年轻人坚韧不拔最终实现梦想的英雄故事；有着大型垄断企业和创新型年轻企业之间的激烈角逐；还有着资本巨轮在时代中前行的轰轰作响；以及科技与文化在中国这个敞开怀抱蓬勃发展国度的碰撞交融。

在 1987 年，已经成为一家大型企业的摩托罗拉，选择进入中国市场并在北京设立办事处，他们带来了当时世界上领先的模拟通话基站建设技术和正在流行的移动通信产品“大哥大”。正是它们，让改革开放后生机盎然的中国，得以把握住这个通信变革带来的新机遇，与全球几乎同步地进入移动通信社会。

我们手中握着的手机，为何是如今的模样？ 在这段往事中可以找到答案。它曲折起伏的发展历程，硬件软件伴随科技进步的不断进化，让人惊叹；它所承载着的父辈的青葱岁月和历史印记，让人感慨。

当我们对移动通信习以为常的时候，如果能够知悉这段往事,如果能为这个故事中的人或事心潮澎湃，那么手机将不只是一个通信工具，它也将和曾经的“大哥大”一样，成为人类文明中值得被珍视的“礼物”，成为我们年老时回望青春的璀璨点滴。

“手机之父”逆袭传奇

很多人知道电话的发明人是贝尔，但少有人知道世界上第一部真正意义上的无线电话、现代社会人手一部的手机是出自谁的创造之手？ 更少有人知道这个移动通信时代的开创者，曾与那个无线电通信飞速发展的时代有着何种交集？ 他个人的命运又有着怎样的跌宕起伏。这个被《经济学人》称之为“手机之父”、现代手机发展史无法绕开的人——马丁·库帕，一直被尘封在历史的滚滚浪涛之中。

1928 年，库帕出生在美国芝加哥一个平凡的家庭。他的命运和同时代的青少年一样，一度背负着来自国家的沉重压力——在库帕出生后一年，1929 年美国的经济进入大萧条。这场经济大衰退冲击了无数美国的中低收入家庭，并在很长一段时间里让他们毫无还击之力。库帕的家庭亦不例外。

少年时的库帕过得并不富足，虽然不用挨饿受冻，但也只能靠父母微薄的薪酬节食缩衣地生活。直到上大学，他的家庭经济环境也并没有得到较大改善。为了支付伊利诺伊州理工大学的学费，库帕加入了预备役军官训练营，在一艘海军驱逐舰服役。彼时，正值朝鲜战争爆发。20 出头的库帕不得不跟着服役的队伍加入战斗。

图 1－1　马丁·库珀博士，全世界第一部商用手机发明人。（来源：维基百科；作者：Rico Shen）

从个人的命运轨迹来看，在海军服役的经历让从小就热爱无线电的库帕有机会以一个战士的身份，在前线更为深刻地认识到无线通信的重要性，并了解到军用通信技术的发达。

于是，从海军退役后，库帕迫不及待地加入了位于美国的全球电信业巨头 AT&T（美国电话电报公司）。这家公司前身就是由电话发明人贝尔于 1877 年创建的美国贝尔电话公司，该公司长期垄断美国长途和本地电话市场。实际上，早在 1938 年，贝尔实验室就为美国军方制造了世界上第一部“移动电话”手机，其形状类似于后来的大哥大，但铁质的机身更加笨重，至于应用范围和性能已经不得而知。

不过，当时的库帕并没有进入这家公司最拳头的部门，只是在子公司 Teletype 找了份工作。而 AT&T 最为强大的部门，其子公司贝尔电话实验室才是库帕的首选。

图 1－2　创办美国贝尔电话公司的亚历山大·贝尔

贝尔电话实验室对于通信行业而言，是推动通信历史发展“神”一般的存在。在这个实验室里，共有 11 位科学家获得诺贝尔奖、4 位获得了图灵奖，也是在这家实验室里，科学家制造出了第一个晶体管，有了它现代手机才得以诞生，此外还有激光、太阳能，甚至世界上第一颗通信卫星 Telstar1 发射成功且首次跨大西洋电视直播，也是出自该实验室之手。可以说，这家机构奠定了我们现代通信生活的技术基础。

为了拿到贝尔电话实验室的 offer（职位），库帕曾付出过不少努力。他曾尝试直接向他的偶像、贝尔电话实验室彼时的无线通信相关团队负责人尤尔·恩格尔（Joel Engle）表示，期望能够给予自己一个通融的机会。但尤尔·恩格尔以其毫无无线电工作履历为由，将库帕无情拒绝。毕竟当时掌握了世界最先进通信研发技术的公司，怎么能接纳一个初出茅庐的“嫩头青”呢？

和不少孤胆英雄的故事一样，库帕虽然与这次机会失之交臂，却给尤尔·恩格尔留下了一句话：“终有一天，您会正眼看我的！”可离开一流的研发团队，一个大学毕业的小伙子又能掀起多大的浪花？

图 1－3　摄影师 Elliott Erwitt 于 1966 年拍摄的贝尔电话实验室

但库帕是认真的。他将在未来的20年里用他的坚韧和奋斗，让这句话成为现实。这种快意恩仇的背后，是一个年轻人的执着与自信。

在Teletype短暂工作了一段时间后，库帕明白，这不是他想要的。如果一直在Teletype，他无法实现自己的理想。1954年，库帕迎来了他人生最为重要的一次选择，他加入了AT&T未来的竞争对手——摩托罗拉公司。

当时，摩托罗拉公司相较起AT&T公司，犹如蚍蜉和大树。但是，在所有的英雄故事中，无畏的少年永远敢于向巨人挥动长剑，他们只要有一个机会，就能快速成长起来。

摩托罗拉公司是在库帕出生的同一年（1928年）创立的。这或许是一种命运的巧合。最开始，摩托罗拉公司还叫作加尔文制造公司，初代产品是供家庭使用的电池代用器。但20世纪30年代前后，正是利用铜线实现有线通信、利用短波实现远距无线通信、国际通信的建设和应用快速发展的时期。很快，加尔文制造公司的主业开始向这方面转型。

1930年，加尔文制造公司研发制造了第一台汽车收音机并取得了巨大的商业成功，与此同时Motorola品牌第一次建立。其后，公司不断深入无线通信的终端研发制造之中。没有公开资料显示，库帕在服役期间是否接触过摩托罗拉公司的产品，但二战期间，摩托罗拉公司通过和美国陆军部签订合约、协助其研发无线通信工具，已经以专业通信终端制造商的形象进入大众视野。1941 年，摩托罗拉公司研发出了第一款跨时代产品 SCR－300，必须由一个人身背重达 16 公斤的天线和电台才得以通话，这成为二战时前沿阵地的标志，至今仍是电影中美国通信大兵最经典的形象[①]。

这为第一部手机的诞生埋下了伏笔。

图 1－4　不同于 SCR－300 的高级无线电对讲设备

让我们再次回到 1954 年，库帕加入摩托罗拉公司之后，并没有放弃学业。他或许还记得被恩格尔拒绝时的难过，但此时他拥有更多的是朝着梦想之地进发时集聚的知识和能量。

1956 年，库帕通过攻读夜校取得了伊利诺伊州理工大学电气工程专业的硕士学位。同时他力排众议，执意研制汽车无线

① 搜狐网. 案例丨1G→5G：一部波澜壮阔的移动通信史［EB/OL］，2017－10－22，https：//www. sohu. com/a/199513337_ 412495.

电话，那是一个白色的、样式像个大脑袋一般的家伙。他反传统的设计让摩托罗拉公司的老板并不喜欢，总是唠唠叨叨地说："这家伙看上去一点都不像电话机。"但年轻的公司总是会给年轻人更多机会，这个不像电话机的汽车无线电话最终被研发了出来，一经问世，竟然取得了巨大的商业成功。

库帕的能力终于得到重视。在未来的日子里，他不断被提拔。在 1973 年，45 岁的库帕已经是摩托罗拉公司通信系统部门总经理。

这时，他终于有了可以与尤尔·恩格尔较量一番的基础，也有了带领摩托罗拉公司在个人通信终端研发上，向 AT&T 公司这个巨人举起长剑的机会。

实际上，20 世纪 70 年代初，AT&T 公司及其贝尔电话实验室曾游说负责管理无线电波的美国联邦通信委员会（FCC）授予其专用于无线电频谱的许可。在 AT&T 公司的这个动作背后，蕴藏着野心勃勃的战略。因为这些频谱一旦率先到手，AT&T 公司将再度获得"先机"。届时，已经垄断了电报电话行业的 AT&T 将继续稳坐电信老大之位。

1973 年，AT&T 公司还有一个至关重要的技术发展不容忽视。即 AT&T 公司发明了一个新概念，叫"蜂窝通信"(cellular communications)。所谓的蜂窝通信，就是采用蜂窝状的无线组网方式，在终端和网络设备之间通过无线通道连接，进而实现用户在运动中可相互通信。虽然当时蜂窝移动通信系统尚未成型，但这个概念的提出，让无线电话、“手机”有了实现应用的技术理论基础。

对于商业对手的动向，在摩托罗拉公司负责通信业务的库帕很快作出反应。库帕认为，如果他的团队能够制造出一种便携式设备并证明它是有效的，那么摩托罗拉公司就可以说服联邦通信委员会不要让 AT&T 公司垄断无线电频谱。

他在公司备忘录中写道：“我们必须做一些引人注目的事情。”

更进一步，库帕还指出了 AT&T 公司的战略失误。库帕在接受媒体采访时，曾这样说过：“AT&T 认为人们需要的蜂窝通信只是‘车载通信’，我们非常质疑这个结论。我们知道，人们并不希望和汽车、房子、办公室说话，而是和人说话。为了证明这一点，我们打算发明一部蜂窝电话，向世人证明，个人通信的想法是正确的。我们相信，电话号码对应的应该是人而非地点。”而他口中的“蜂窝电话”就是现代手机的原型。这样的思路后来也验证了通信技术从 1G 至 4G 的发展思路，即解决人与人的链接。

从根本上来讲，没有及早地专注于个人移动通信终端研发，也是当时全球最大的无线电巨头、通信业老大 AT&T 公司错失“创造第一部手机”机会的重要原因。

而库帕制造“手机”的想法，很快得到了摩托罗拉公司战略层面的支持，甚至是“施压”。

摩托罗拉公司清楚地知道，美国联邦通信委员会如果允许 AT&T 公司在美国市场建立移动网络并提供无线服务，那将意味着什么。库帕主导的真正意义上的个人便携式移动电话研发，就是一次摩托罗拉以大卫[①]的姿态，向 AT&T 公司这一巨人的决胜出击。于是，摩托罗拉公司要求库帕及其团队在 6 个星期内制作出手机模型。

这是一场分秒必争的硬仗。但命运之神最终眷顾了这位 20 年前被贝尔电话实验室拒绝的青年，他持之以恒、永不放弃的态度让他得以在 20 年后，又一次来到了尤尔·恩格尔的面前。

1973 年 4 月 3 日，库帕迎来了人生中值得被铭记的“高光时刻”：这一天，库帕领导的摩托罗拉公司研究团队终于推出了这款他们期待已久的作品——世界上第一部手机。在媒体的报道中，库帕走上了曼哈顿街头，用这部手机拨打了世界上第

① 圣经中，牧童大卫以一己之力击败了巨人歌利亚成为英雄。

一个移动的“电话”。电话那头，并不是库帕的家人、朋友、老板，而是多年前曾经将他拒之门外的尤尔·恩格尔。

“傲娇”的库帕对毫不知情的尤尔说，他所接听的这个电话是用一个真正的移动电话拨叫的。

库帕后来回忆，当他说完之后，手机那头是一片沉默，“虽然他已经保持了相当的礼貌，但我还是听到了听筒那头的咬牙切齿。”当然，后来的恩格尔也透露过他接到库帕电话时的心情，也不知道他是否记得当年库帕告诉他的那句话：“终有一天，您会正眼看我的！”

库帕当时手上拿的，正是世界上第一部推向民用的手机DynaTAC的原型机。这部手机的诞生意味着一个新时代的开始——人类已经可以实现跨区域的、即时无线的通信了。

其实，很多人不明白为何初代手机形状硕大且缺乏设计感，导致其被称为“砖头机”的原因。但故事说到这里，或许有的读者已经明白了。在一场以时间决定胜负的商战中，谁先把东西做出来，谁就是胜者。第一代“大哥大”的模样，其实是商业竞争导致的。

“第一部手机的外形其实是从 5 个工业设计小组的方案竞争中产生的，我们最终选择了其中最简单的一个方案。”库帕在回忆第一部手机的研发时如此提及，“其实原本的设计很小

巧，只不过电子系统工程师要把上百个零部件塞进去，最后（制造出来）的手机是原方案的5倍大，也重得多。可是，手机真正投入市场是在10年之后，而它的基础设计流行了差不多15年。”

高晓松说历史是精子，牺牲亿万才有一个活到今天。就像AT&T公司，强大如它也没能将“制造出第一部手机”的丰功写入自己的历史。然而，当我们回顾事物的发展时，我们会发现，时代前行的潮流虽然裹挟了无数人，但只要有那一朵朵被激荡起来的浪花，它就将闪烁着人物与时代相互辉映的夺目光彩。

第一部手机的诞生，历经了无线通信需求快速增长的时代，孕育了行业巨头AT&T公司以及无数诸如摩托罗拉公司一样的年轻公司。这些资本的流动支撑了通信技术的进一步发展，为那些有志于移动通信技术的人们，提供了可以生根发芽的土壤。最终，会有一位英雄，站在那片土地上，披荆斩棘，迎接预示新时代到来的曙光。

大哥的“大哥大”

谁也没想到，当马丁·库帕研发的这款手机传入中国后，会与黑帮文化、创富神话产生意想不到的联系。

20 世纪 80 年代，在演艺圈颇具江湖地位的港星洪金宝成为香港最早用上移动电话的人。这款手机的型号虽然已无从查证，但不出意外的话，应该就是在 1983 年 4 月，由摩托罗拉对市场售卖的第一款手机产品“摩托罗拉 DynaTAC 8000x”。这是库帕拨通恩格尔电话后，通过 10 年的时间正式投放市场的拳头产品，也是世界上第一款手机商品。

图 1－5　1984 年产的摩托罗拉 DynaTAC8000x。该型电话上留有英国电信标志并装备了原始的 LED 显示屏。（来源：维基百科；作者：Redrum0486）

彼时，即便是在中国香港地区，对于这款不用“绳子”就可以即时通信的电话，一时也只有翻译而来的拗口称呼——“便携式蜂窝电话”。在语言学中，一个拗口的新名词总是会被简单的“俗称”所替代，而这个过程往往有着随机性和偶然性。

而洪金宝就是那个代表随机性的“骰子”。当时已经踏足电影制作、担任导演的洪金宝正在享受香港电影发展最蓬勃、最快速的黄金时期。电影制作周期短，需要协调的资源极多，他的移动电话几乎是从不离手，常用它发号施令。很快，这款“便携式蜂窝电话”成为彼时洪金宝身上的一个标识。有他出现的时候，电话一定在手边。很快，颇接地气、最爱简化的港媒意识到了这个身份映射。他们或许有意，也或许是集体无意识地，从洪金宝的江湖称呼中找出了一个词来替代他总是带着的新玩意——这便是“大哥大”。

当然，洪金宝与“大哥大”的故事更多地被当作一则逸闻，其真伪难论。但在20世纪80年代风靡一时的香港警匪片里，黑帮大佬们已经是人手一台“大哥大”了。这不仅是身份的象征，在必要的场合甚至可以把砖头机丢出去，作为兼具攻击性和防御性的武器。对于中国香港、广东地区的人而言，比“大哥”还要有江湖地位的身份就是“大哥大”。这种身份的映射，带着文化碰撞的机巧，深入华语社会。迄今笔者看到黑色“砖头”手机，也不由得会联想到当年常伴大哥们江湖厮杀的“大哥大”们。

另一方面，如果仔细追溯，摩托罗拉 DynaTAC 8000x 彼时官方售价4000美元，这相当于今天的多少钱呢？ 不妨用1983年的美元购买力和2017年的美元购买力进行比对。根据美联储数据，若以1982年到1984年的美元购买力为基准（100），2017年美元的购买力是40.5[①]。这意味着，这款手机当时的售价相当于2017年的9876美元，已是极其昂贵，并不是一般的民众可以负担。

① 和讯名家. 美元疲软？错！这种美元暴涨80倍！[EB/OL]，2017 - 11 - 28，http：//news. hexun. com/2017 - 11 - 28/191801878. html.

语言学家周有光先生在谈到“大哥大”这个词的时候，曾这样说过：“据说，黑社会叫小头头为‘大哥’，叫大龙头为‘大哥大’，‘大哥大’很神气。于是，有人就把这黑社会大龙头的称号用作通信工具的名称了。但这种‘俗称制造’的巧合并不会频频发生，所以，与香港同时的新加坡华语社会，没有人使用‘大哥大’来称呼手机。”

在中国内地，大哥大的到来，不仅带来了通信变革的冲击，更被赋予了通信工具以外的功能。它是追求时尚的青年人一种极其新潮的“单品”，更是商人们谈判时自抬身价的利器。拥有一部即便是没有信号不能通话的大哥大，也能迎来别人羡慕的眼光。用过大哥大的60后，提起心中的感觉，“就和现在戴江诗丹顿手表见前女友、背爱马仕包包参加同学聚会差不多，简直‘港’（成都话时尚的意思）的很。”一位笔者的长辈如此回忆道。

不过，60后人群中能在大哥大刚进入中国的时候就用上的人其实很少。因为直到1987年11月18日在广东举行的第六届全运会上，为了与港澳地区实现移动通信接轨，才由广东省率先开通全国第一个移动通信网，正式实现商用。

在最初的各种1G系统版本中，全球主要使用的是两种移动通信系统，美国的AMPS制式和英国TACS制式。其中美国制式在全球的应用最为广泛，它曾经在全球超过 72 个国家和地区运营；英国制式也有近 30 个国家和地区采用，中国当时采用的就是英国制式的 1G 系统。

在这一网络的覆盖下，人们开始有机会使用移动电话。那时的 60 后也才 20 出头，而当时“大哥大”的售价和抢购难度，是他们望尘莫及的。

彼时率先进入中国市场的外资通信商，正是生产出第一部现代手机的摩托罗拉公司。这时摩托罗拉公司已经拥有了较快的手机迭代速度，黑帮大佬们用的 DynaTAC 8000x 型手机已经被淘汰。中国大陆市场的第一款手机是 Moto 3200，它也是不少 60 后、70 后、80 后心目中“最正宗的大哥大”。

图 1-6 中国大陆第一批被誉为“大哥大”的 Moto 3200

也正是在 1987 年，诺基亚生产了自己的第一部手机，即 Mobira Cityman 900（移动城市人 900），但是这款手机并未走进中国市场。

当时，摩托罗拉公司的

这款手机定价2万元人民币。这个价位意味着什么？据雪球机构统计，1985年全国职工的年均工资为1148元，平均月工资96元[①]。这意味着，就算是中小企业的企业主也难以负担，而一个普通人，则要不吃不喝数十年才能买得起一部手机。

与此同时，1987年正值中国改革开放的第9个年头，万象更新，经贸往来愈发蓬勃，可电信部门此时对市场的潜在需求估计不足，移动电话一出现，就是供不应求的场面。用户为了得到一部移动电话，常常需要找领导批条子，找熟人走后门，社会上还出现过炒卖移动电话的不法现象。在“大哥大”刚开始流行的那几年，其黑市价甚至炒至5万元一部，有人计算过，这样的价格甚至高于如今500万元的购买力。不过，对于真正有需求的企业家、商人而言，拥有一部“大哥大”，就可以与港澳客户进行即时通信，其所带来的便捷和收益也同样明显。

根据《人民邮电报》2018年的报道，中国大陆的第一个手机用户是徐峰，1987年的他才刚刚20岁出头。一个年轻人豪掷

---

① 人民网. 全国工资最低的9个城市，你“中枪”了吗？［EB/OL］，2016-05-23，http://history.people.com.cn/peoplevision/n1/2016/0523/c371452-28371877.html.

2 万元购买了手机，并交纳了 6000 元入网费，在当时还是颇受关注的消息。不过，虽然“大哥大”费用高昂，但如今的他回忆起当年的决定，仍感到这钱花得值：“手机解决了我进行贸易洽谈的燃眉之急，帮助我成为市场经济的第一批受益者。”

在改革开放的浪潮下，徐峰 16 岁时就曾前往香港，看到过那里高速发展的不同面貌。后来他踏入餐饮行业，将以“生猛海鲜”为主导的餐饮风潮从香港引入广州，点燃了广州海鲜餐饮市场。对那时的他而言，与香港市场随时保持联系是至关重要的。这也显示出徐峰对商业机会、市场价格的敏感，也成就了他日后的事业。如今，徐峰的南海渔村集团已经成为广州餐饮界的龙头老大。

当然，徐峰这类有真实需求的用户只是“大哥大”购买大军中的一部分。还有一部分购买者，他们更多的需求来自大哥大所体现出的地位象征。

“大哥大”要传送语音，首先需要各个地方完善模拟蜂窝组网的基础建设。而在中国非沿海地区，通信基础设施的建设相对落后。对于内陆甚至沿海较为偏僻的县城人而言，大哥大几乎很难顺利地通话，“砖机”称号当之无愧。然而，想买“砖机”的人依然很多。因为“大哥大”的昂贵和稀缺，让它在 20 世纪 80 年代末期到 90 年代初期成为集身份、权力、财富、潮流为一身的象征。

据说那个年代只要手拿大哥大，都不用管是否能打得通，吃饭、喝茶、谈判时，往桌上一放，就像押上了一个富贵的筹码和权杖，立刻会多获得一份尊重，生意谈判也因此变得轻松。这样的效果，比如今的宝马、奔驰车钥匙还要好用。

四川一位60年代出生的长辈就告诉笔者，他曾耗3万元巨资买过一部“大哥大”，为此差点“走到婚姻的边缘”。“结果买到手后，几乎没怎么打过电话。一是通话效果实在太差，‘喂’的时间比要说的话还要长；二是电池不经用，如果出门一天，那还得把充电器一起拿上，加在一起好几斤重。但是，一旦拿出来，几乎整条街的人都会行注目礼，然后悄悄跟旁边的人说：‘快看，大哥大诶’。在朋友、生意伙伴面前拿出来也特有面子，他们都眼睛放光地看过来说：‘你有大哥大诶’。”他回忆道。

不过，这位长辈也提及，这种惹人艳羡的生活并没有持续太久。因为这时通信技术已经悄然迭代，2G时代来临了。

告别“大哥大”

实际上，早在1994年，中国的GSM(Global System for Mobile Communications，全球移动通信系统)数字网建设就

已经启动，第一个 GSM 通信网络落地。这意味着，模拟和 GSM 两网并存的格局开始。数字电话终端，也就是我们更常说的“手机”也逐步进入，并深入到人们的生活中。于此，充满了创造、革新甚至梦幻的数字电话时代正式来临。

这时候，依托于通信网络技术的终端也迎来迭代。昂贵的“大哥大”在和数字移动电话短暂交锋后，便败北而去。摩托罗公司拉坚持模拟网络的战略布局，让其正式走向第一个发展的分水岭，被其垄断的中国市场迎来了更多强大的敌人，诺基亚便是其中之一。

1994 年，在第一个 GSM 通信网络落地的同时，原邮电部部长吴基传用诺基亚 2110 打通了中国历史上第一个 GSM 电话，但这一网络是爱立信建设的。值得一提的是，诺基亚这款手机的前身正是在 1992 年全球首款真正量产的 GSM 手机诺基亚 1011。虽然这款手机形状上有些类

图 1－7　全球首款真正量产的 GSM 手机诺基亚 1011

似于大哥大，但已经脱离了大哥大那种笨重的形象，机型相对而言显得小巧而性感。这不仅体现了诺基亚在数字电话上押注之“精准”，而且还为手机市场带来了革命性的创新——诺基亚 1011 突破性地加入了短信功能。

不过，中国大陆用户接触到的第一部真正意义上的数字手机，还不是诺基亚，而是爱立信 GH337。这款只有 220 克的手机，上市于 1995 年，严格意义上说这是第一款进入中国大陆的非“大哥大”GSM 手机。由于基于 GSM 网络的数字手机通话灵敏度、重量、“三围”、电池等性能在各方面，都比以“大哥大”为代表的模拟手机表现更为优异，爱立信 GH337 上市后一度受到追捧。“大哥大”在其小巧的外形衬托下，显得笨重和过时。虽然不知道出于何种原因，这款手机并没有中文操作系统，全英文的界面其亲民性可想而知。但无论如何，这些数字电话的相继到来，让“大哥大”不得不急流勇退。

图 1-8　2000 年 1 月爱立信所生产的经典款 T28 手机

2001 年 12 月，中国移动完全关闭模拟移动电话网络（即 1G），那些“大哥大”再也无法拨通电话，即使 1996 年摩托罗拉曾经生产出只有 88 克的翻盖模拟手机“StarTAC”，也无法拯救模拟网络和模拟手机的命运。1987 年到 2001 年，给“大哥大”在中国市场活跃的时间只有短短 15 年，有统计数据显示中国的用户数最高曾达到了 660 万[①]。由此，权力、地位、财富的隐喻从它身上渐渐消失，另向他处而去。然而它曾经带来的颠覆性的移动通话体验，却烙在与它同时代人们的身上。一个更便捷、更快速、更丰富的手机时代在它的身后，正式拉开序幕。

① 央广网．“大哥大”，从奢侈品到老物件［EB/OL］，2018－06－22，http：//baijiahao. baidu. com/s？id＝1603950645925236086&wfr＝spider&for＝pc.

HANDSET 02

BP 机，
别在腰间的传奇

“有事您呼我！”

在20世纪90年代长达10年的时间里，这句话成为朋友聚会离开之前的一句标准客套话，就像朋友之间见面问“你吃了吗”那么自然。这与当年香港电影里的问候如出一辙，那时我们经常听到的台词是：“大哥，要不要把旺角的兄弟们呼过来。”

“呼我”或者“呼兄弟们”的工具，是一种被简称为“BP机”（pager-beeper）的通信工具，外资品牌的BP机有摩托罗拉，国产品牌有波导。这个一度影响和改变中国人通信、联络方式的媒介性工具，如今已进入了人类的通信史，成了人们回忆的一部分，乃至于现在在网络上已经成为一种带有年代标志性的收藏品。

不同于座机电话放在桌上，也不同于“大哥大”或者后来的新型手机握在手里、装在包里，BP机以挂在腰间为“荣耀”，比较讲究的人会在 BP 机上挂一条金属链条或者爱人手编的丝带。随着一阵“B－B－B”的声音（因此 BP 机也被称为 BB 机）和“嗡嗡”的震动，就知道有朋友呼自己，该回电话了，或者是收到诸如留言、天气预报之类的信息了。

对于大多数人来说，在大哥大还远远是奢侈品并且家庭座机尚未完全普及的 20 世纪 90 年代，BP 机就成为通信联络的最高配置，也成了信息革命时代别在腰间的“传奇”，而且在很长一段时间里，“腰别 BP 机，手拿大哥大”一度成为一种令人艳羡的黄金组合。

从 1983 年上海开通中国第一家寻呼台，BP 机进入中国，到 2007 年彼时的信息产业部要求关闭无线寻呼网络服务，BP 机正式淡出通信舞台，BP 机在中国的生存和运营时间实际上长达 24 年。但 BP 机真正流行的时代则是在 20 世纪 90 年代，也创造了属于它的 10 年暴利时代。尤其是在 1995 年到 1998 年的 4 年间，全国每年新增寻呼用户均在 1000 万户以上。2000 年是中国寻呼业发展到顶峰的一年，全国寻呼用户达到 8400 万户[①]。此后，寻呼市场便急转直下，日渐萎缩，并最终

① 通信人才网. 第一代即时通信工具黯然消失解读 BP 机发展史［EB/OL］, 2007－07－31, https：//www. mscbsc. com/viewnews－3884. html.

退出了中国的通信市场。

但在欧美一些国家，被列为“老古董”的 BP 机，实际上仍在诸如医疗行业、消防系统等特殊行业中小范围应用。这主要是因为 BP 机具备成本低、点对点、待机时间长、不易被打扰等特点。一些行业对 BP 机的部分功能及应用进行了改造，如中国台湾餐饮业的领餐 BP 机、日本开发的防灾用 BP 机等，使得 BP 机迎来了它的第二春，发挥着它新的应用价值。

BP 机的诞生

随着 1945 年第二次世界大战的结束，美国逐渐放松了在诸多军事领域的技术管控并向民间开放。比如在 1946 年，美国联邦通信委员会就通过审议，为民用无线电服务分配了第一组无线电频率，即居民无线电业务频段。

无线电通信领域的开拓者艾尔弗雷德·格罗斯（Alfred J. Gross）立即嗅到了其中巨大的商机，并随即成立了格罗斯电子公司，于 1948 年开始批量生产出可以利用这一频段的双向呼叫通信系统。这个新产品实际上还不是完全意义上的传呼机，它只是类似于如今我们使用的对讲机。当时，这些产品的主要用户为美国农民和海岸警卫队，并一直沿用至今，成为特种行业比如警察、消防、安保等的标配通信工具，而且通信距离在系统基站的支持下也越来越远。

后来，被称之为“无线通信之父”的格罗斯在研究上并未止步，随后一年他就发明了真正意义上的无线传呼机，简称 BP 机，英文名叫作 pager - beeper。这个名字的由来是源于 page——小仆人这个词汇。在古代英国宫廷，因为举办舞会或者宴会需要小仆人来回传递小纸条，以此互通相关的信息。BP 机就像是为人们传递信息的小仆人一样。

刚刚研发出来的第一代 BP 机就如同第一代“大哥大”，体积都比较大。后来经过技术的不断进步和改良，大规模商用的 BP 机体型也越来越小，大的和成年人手掌心大小差不多，小的只有一个火柴盒大小，以长方体为主，会有三五个简单的按键。此外，狭窄的显示屏被设计在机身的正面或侧立面，而且只能显示黑白数字、文字等信息，不过后来开发的一些高档 BP 机可以播放语音。

早期，格罗斯发明的 BP 机或者同时代由其他企业、个人发明的传呼机都只是单向呼叫，也就是说信息只能由呼叫一方传递到被呼叫方。后来经过技术的改良，BP 机内置了无线电发射器，由此诞生出应答 BP 机和双向 BP 机。比如甲通过 BP 机给乙发送一条留言：“某天几点几分在某地聚会”，发送完之后，乙的传呼机就会自动返回一条信息："已收到"，这样甲就不必再等着乙到处找座机打电话给自己回复确认。

随后，格罗斯在 1950 年开始对 BP 机进行小范围的商用尝试。纽约市的医生以每月 12 美金的服务费试用了他推出的第一套实用性的传呼系统，每个携带 BP 机的医生可以在以信号发射塔为中心、半径 40 千米的距离内接收到信号。但当时的 BP 机并未能够借此实现大规模的推广和商用，只能是"藏在深闺无人识"。在 1956 年，格罗斯在一个医学会议上第一次展示了他的寻呼机，却遭受到了多数人的冷眼，因为与会者不希望他们在打高尔夫球时被那种"B－B－B"的奇怪声音打扰。

最终，格罗斯未能如愿推广 BP 机。1962 年，美国电话电报公司（AT&T）在西雅图世界博览会上给众人展示了第一套用于个人传呼的商业系统，并取名为 Bellboy（带铃的小仆人），从此 BP 机在美国开始了进一步商业化普及。

"只怪我早出生了 35 年，如果我仍然拥有那些发明专利，比尔·盖茨手中的财富根本不值一提。"后来，年迈的格罗斯不无遗憾地说道。实际上，格罗斯在现代通信领域，拥有诸多的专利，他不仅发明了寻呼机，而且他也被大部分人认为是对讲机的发明者。但是这一切似乎都来得不是时候，并未能实现大规模的商用，也未能给他带来巨大的财富。

后来，新希望集团董事长刘永好对类似的事情做过精辟的总结，即“快半步”理论：我们顺潮流而动，略有超前。你不超前，你就没有机会；但快一步，有可能踩虚。所以要快半步，这就能进能退。进，走在前；退，不湿脚。

由此，我们看待一项发明，一方面不能因为它现在没有广泛应用就束之高阁；另一方面更需要切合时代发展的步伐，适时推动新发明、新产品的开发与应用，才能使其实现应有的价值。

实际上，在格罗斯发明对讲机之前的 1941 年，摩托罗拉公司就生产出了美军二战时唯一的便携式无线通信工具 SCR—300 高频率背负式通话机。1956 年，摩托罗拉公司的第一款无线寻呼机也问世了。但是前者随二战的结束也终结了自己的使命,后者并未重蹈格罗斯所发明的 BP 机的覆辙，很快在商业推广上获得了成功,得以在全球推广和应用。

2000 年 12 月 21 日，格罗斯与世长辞，传呼机在全球市场的应用也开始进入衰退期，这是一个巧合，也成为一种宿命。

中国的传呼时代

传呼机在经过 10 多年的小规模商用后，一直到 20 世纪 70 年代以后，伴随无线通信技术的不断成熟，传呼机通信业务才由美国开始流行并蔓延到了世界各地。

1983 年，上海开通了中国第一家寻呼台，BP 机由此正式进入中国市场。最初的 BP 机是模拟信号，只能单向呼叫，收到信息的用户需要打电话到寻呼台，才能查询到回电的号码或者留言，用户体验非常不好。直到 1984 年广州开通了数字寻呼台这个难题才得以解决。接收者可以在 BP 机上看到回电号码或者是其他数字信息。但事实也不是那么简单，当时的 BP 机用户还需要人手一本密码本，接收的数字信息必须对照密码本才能翻译出意思，比如“000 代表‘请回电’”“999 代表‘请复台[①]’”“500 代表‘祝您生日快乐’”等等，颇似现在的“谍战剧”情节。

1985 年 11 月 1 日，北京市电信管理局下属北京无线通信局经营的“126 寻呼台”正式开通，后来又开通了“127 公共寻呼台”。126 是由话务员应答接续的，属于人工寻呼台，而 127 则是由计算机控制的，是自动寻呼台，这种模式迅速在全国各地铺开。

1990 年，国内企业浪潮与摩托罗拉公司合作，开发出了“汉显 BP 机”。这让用户不用满大街找电话就可以知道呼叫

① “请复台”代表“请回复寻呼台”。

内容，尤其是对此后传呼机突破单一的寻呼功能有了巨大推进。当时，各大寻呼台出于竞争的需要，迅速开通了留言、天气预报、短新闻、股票信息等诸多功能。有的寻呼设备还和家里的电话机相联。电话铃响后如果一段时间没人接，打来的电话就会由寻呼台自动转到寻呼机上，从而让小小的寻呼机功能越来越丰富，用户体验越来越好。

图2-1 20世纪90年代中国人开始广泛使用BP机

早期中国市场的BP机全是进口产品，品牌包括摩托罗拉、松下、卡西欧等，主要以数字传输为主，只能显示主呼方所留的电话号码。即使如此，BP机虽然不像大哥大动辄就要上万元，但是买部呼机也不容易，不仅要托人走后门，而且要缴纳昂贵的网费等，一台BP机办下来至少要花费2000多元，这不亚于如今买一台苹果手机。所以那时候家里添置的大件，除了电视机、洗衣机、缝纫机和自行车“三机一转”之外，装个固定电话、买个BP机也是家中的大事。

寻呼机真正开始在中国被大规模使用，始于1990年的北京亚运会，这有些类似于1987年广州全运会推广第一代模拟信号的“大哥大”，大型赛事无疑是新产品发布和事件营销的最好时机。当时，组委会的不少工作人员是 126 寻呼台的大客户，126 台为赛事提供了专项服务。这之后，BP 机成为时尚翘楚，尤其是城市里的年轻人几乎人人腰间都别着 BP 机，大街上随时随地都可以听到“有事呼我”的客套话。

随后，传呼市场的繁荣，也让传呼台如雨后春笋般遍地开花。专业寻呼台号码从 3 位到 7 位数不等，如中北传呼 95950、联通国信寻呼 198/199、广达传呼 2025566、邮政传呼 9980998、八一传呼 5028811 等诸多全国性或者地方性寻呼台。此外，寻呼台的创办者除了电信部门之外，还有部队的三产企业、国有企业、事业单位、民营企业等多种机构，体现出了传呼业开放的格局，所以竞争也异常激烈。

那时候，在传呼台工作的传呼员工资要比其他行业高很多，也因为大多数传呼员都是女性，她们的声音婉转动听，引发很多无聊男士拨打传呼台聊天解闷。此外，在 1992 年的春节，人们开始用汉显 BP 机传递节日的问候，这应该是中国人在重大节日发短信问候的起源。一些情侣为了省电话费和方便沟通，不再使用数字密码本查阅，于是自己约定了约会暗号，或许这就是今天“521（我爱你）”“1314（一生一世）”有据可考的来源吧。

各传呼台之间的竞争日益白热化，其主要手段就是服务费和传呼机具的价格战，这也体现了中国通信行业的高度市场化。当时有的传呼台服务费较高，入网费100元，数字机一年180元(15元/月)，汉字机一年600元(50元/月)。为竞争用户，传呼台入网费从最初的100元降到50元、30元，直到最后免费入网，服务费也降到了数字机一年120元，汉字机每年两三百元甚至更低。有的传呼台为了招揽更多用户，还增加了发送天气预报、股票信息、新闻等服务内容，一项内容每月服务费2元。激烈的竞争使老百姓从中得到了实惠，最后所有信息免费发送[1]。

从某种意义上说，传呼台也成为民营企业进入通信行业最早的细分市场。尤其是在1993年9月11日，当时的邮电部颁布了《从事放开经营电信业务审批管理暂行办法》，其中放开经营的电信业务实行的经营许可证制度中，第一项就是无线电寻呼。由此可见，虽然我们的政策总是具有一定的滞后性，但是通信行业早已从10年前第一家寻呼台的建立开始，就在改革的大潮中开始搏击。正是基于政策的鼓励，以及受经济发展刺激的通信需求的快速增长，传呼在中国市场得以全面爆发。

① 新蓝网. 有事儿您呼我！对于曾经风靡的BP机你还有多少记忆?[EB/OL], 2016-12-15, http://n.cztv.com/news/12345889.html.

后来的统计数据显示，在1995年到1998年的4年间，全国每年新增寻呼用户均在1000万户以上。1998年，中国以6546万部寻呼机保有量跃居世界第一。2000年是中国寻呼业发展到达顶峰的一年，当时全国寻呼用户达到8400万户。但随后就开始全面缩水，根据当时信息产业部统计，到2002年用户数锐减为2500万户，当年8月底，全国寻呼机用户只剩下222万户，而一个月后就跌落到了百万户[①]。这样的大幅“跳水”，让整个行业措手不及，但背后也凸显出中国通信行业已然呈现出巨大的变革。

波导与摩托罗拉的对决

“摩托罗拉寻呼机，随时随地传信息”这句摩托罗拉的广告语与后来摩托罗拉手机的开机语“Hello, Moto”，一度成为中国通信行业的广告流行语。

1983年，当传呼机进入中国市场之后，在长达七八年的时间里，中国传呼机市场一直被摩托罗拉、松下、NEC、卡西欧

① 和讯网. 第一代即时通信工具黯然消失 解读BP机史 [EB/OL], 2007-07-31, http://tech.hexun.com/2007-07-31/100170409.html.

等进口传呼机垄断，而摩托罗拉几乎占据绝大部分的市场。有数据显示，当时的摩托罗拉 BP 机在中国 BP 机市场占有率高达 70% 以上[①]。

在这样的盛况下，1995 年，由上海无线通信设备有限公司与美国摩托罗拉公司合资成立了上海摩托罗拉寻呼产品有限公司，这是当时中国最大的寻呼机生产和研发基地，年生产能力超过 600 万台，一度承担摩托罗拉公司 90% 以上的寻呼机生产任务[②]。

当时，摩托罗拉的销售模式是"大渠道、大市场"，其凭借"大哥大"带来的强大品牌影响力和流量，加上产品的质量过硬、设计时尚，摩托罗拉 BP 机长时间占据了寻呼机的中高端市场。尤其是摩托罗拉推出大屏幕汉显 BP 机，被人们称呼为"大汉显"，它突破了其他传呼机显示屏过于狭窄的局限，其显示屏占据了机身正面一半的面积，成为一款经典的产品。这款产品就如同后来苹果公司推出的全触屏手机一样具有革新

① 互动百科. 寻呼机 [EB/OL], 2019-05-10, http://www.baike.com/wiki/%E4%BC%A0%E5%91%BC%E6%9C%BA.

② 搜狐网. 寻呼业三年崩盘摩托罗拉吃准 [EB/OL], 2001-12-28, http://business.sohu.com/85/47/article13824785.shtml.

意义，凸显出摩托罗拉公司在产品工业设计上的创新能力。后来摩托罗拉推出 88 克重量的翻盖模拟手机，达到了模拟手机的巅峰；再后来到 2000 年推出 A6188 手机，是世界上第一个采用触屏的手机，同时也是世界上第一个使用智能手机操作系统的手机。这些在手机市场经典的作品，都体现出摩托罗拉强大的创新基因。

在 BP 机进入中国市场长达 10 年的时间里，一直未能看到国产品牌的身影。但并不是说中国在传呼机的研究和创新领域就没有任何作为。实际上，早在 1969 年，中国人民解放军的相关科研机构就研制出了我国第一代军事侦察用无线寻呼机，代号“317”和“316－2”，可以接收音调信号和话音信息，但是没有显示屏幕；之后在 1982 年，公安部 1129 所研制出了我国第一代警用无线寻呼接收机，代号“1241”，这个寻呼机体积比一包香烟略大，可以接收音调信号和话音信息。但鉴于那时“军民融合”尚未形成机制，军品很难实现市场化推广。

国产品牌的真正市场化则是在 1993 年，总部在宁波的波导公司研发成功了中国第一台拥有自主知识产权的中文寻呼机，这才逐渐在外资品牌垄断的 BP 机市场打开了一个缺口。随后在 1995 年，他们又自行研发成功了中国第一台股票信息机[①]等一系列新产品，在传呼机市场走差异化竞争路线。虽然后来出现诸多国产品牌，但是当时真正能够与摩托罗拉分庭抗礼的只有波导。如今，能够与苹果手机形成对抗的国产手机品牌中，早已没有了当年被称为“手机中的战斗机”——波导的身影。

经过近8年的努力，波导传呼机成为继摩托罗拉之后，中国传呼机市场的第二大品牌。根据统计数据显示，波导仅1998年一年就生产销售寻呼机102.4万台[②]。但是当波导确立了其国产寻呼机产销量第一的地位时，随着手机的逐渐普及以及国产品牌竞争的日趋激烈，寻呼机的单价很快就从两三千元降至几百元，甚至有寻呼台推出绑定服务年限送BP机的促销活动，就像现在通信运营商存话费免费送手机一样。至今，国产BP机品牌诸如熊猫、厦门中桥、TCL等都已成为一代人的记忆。尤其厦门中桥，当时将诸多卡通形象印在BP机上，还生产了粉色机身的BP机，深受年轻女性的青睐。产品外观根据消费者定位区分，这也是BP机时代的一种产品创新。

今天我们回顾波导的发展历程，不管是在传呼机市场还是

① 具有传呼功能．主要由传呼台每天发送和推荐股票信息为主的传呼机。

② 神光财经．波导股份动态研究：主营业务承压，行业掣肘尚待突破[EB/OL]，2017－11－28，http：//shenguang. com/info/235432. jspx.

手机市场，波导都在中国通信市场的变革中留下了深刻的烙印。1992 年 10 月，徐立华与蒲杰、徐锡广、隋波 4 人“桃园四结义”创立了宁波波导公司，开始进入传呼机市场。当波导寻呼机在市场上卖得还很火的时候，身为掌舵人的徐立华如同当年刘永好快走“半步”一样，已然决定实施战略转型和升级，在 1999 年国产手机项目纷纷上马之时，波导也迅速进入手机制造领域，并在同年 9 月拿到了手机生产许可证。

当时，徐立华所走的路径是“大树底下好乘凉”，他主动让波导与国企宁波电子信息集团合并，实现了曲线拿证和上市融资的目标。此后，徐立华开始着手打造波导“手机中的战斗机”这一形象，带领波导率先向国外品牌手机发动反攻。

在 1999 年，9 家拿到手机生产许可证的国产品牌完全是从零开始研发手机。2000 年波导生产手机 92 万台，夺得国产品牌手机销量第一；2001 年波导生产手机 282 万台，销量遥遥领先其他国产品牌手机；2002 年波导生产手机 700 多万台，连续第三年夺得国产品牌手机销量第一[①]。这样的销售业绩，让波导进入国内市场前三甲，排在摩托罗拉、诺基亚之后，列国内

① 电商报. 6 年销量第一，风头盖过诺基亚，“手机中的战斗机”为什么掉队了［EB/OL］，2019 - 02 - 27，https://baijiahao.baidu.com/s?id=1626633515427715508&wfr=spider&for=pc.

市场手机销量第三，为国产手机品牌抢占国内市场份额作出了重大贡献。

由此，从传呼机开始，我们就看到了国产品牌在中国通信市场与国外品牌竞争的努力，也看到了诸多品牌的沉浮，以及企业家自身为企业、为品牌、为市场带来的影响力。

消失在时光里

前两年网络上流传着这样一个段子：我昨天去接一位大哥出狱，他当初是因为走私罪被抓，在里面死活不肯透露最后一批货藏哪里，结果被重判了20年。接他出狱之后，大哥一言不发让我开车到郊区，仔细辨认了很久才找到了当初埋货的地方。我俩挖了半天挖出了一个特大号的箱子。大哥看着大箱子全身都颤抖了，紧紧抓着我的手说这批货一出手我们就有钱了，这些年的苦也没白受，以后就能有好日子过了！我俩流着幸福的泪水打开了箱子，满箱全是崭新的摩托罗拉BP机……

这个段子，凸显出了BP机在特定年代的价值，也凸显出了通信行业的变化实在太快了。

实际上，那时人们对BP机的未来从来没有怀疑过。在1998年2月，广东的媒体都津津乐道这样的一个故事：当时，一家传呼声讯台惠州分公司的营业部，接待了一位不同寻常的客户张先生，他提出要一次性缴足 20 年的传呼服务费。张先生认为，一次缴足 10 年台费，可避免寻呼台的服务费涨价。但当时营业部的电脑受系统的限制，不能办理 20 年台费的预收手续，于是营业部就收取了张先生 10 年的台费，共计 27360 元，这样张先生的寻呼机就可以使用到 2008 年。

无独有偶。2003 年南京的一位汤先生，因为经常出差嫌缴纳寻呼台服务费麻烦，就委托朋友帮他缴费。结果朋友一次性交了 43400 元，按照服务费每月 35 元，服务年限截止时间居然为 2106 年。后来寻呼台在 2005 年停办了，为此汤先生将寻呼台告上法庭，法院认为一次缴纳 100 年的寻呼费不合常理，且不符合原告的消费习惯，驳回了起诉。

这样的故事背后，其实是寻呼台、BP 机用户对通信行业发展判断和认识不到位的一种体现。在很多行业，人们对某一产品的生命周期判

图 2－2　2001 年中国市场的 BP 机开始大幅度降价

断往往如此，科技的不断创新与发展，推动着产品持续不断地迭代更新，但是在迭代的过程中，没有跟上转型升级步伐的产品和企业，也就自然而然被市场淘汰了。通信行业，更是如此。

实际上，早在 2000 年之后，通信行业已然感受到了传呼业不断萎缩的态势。尤其是2002 年5 月，《中华工商时报》推出了调查报道《寻呼业真的成为“夕阳”产业了吗？》，根据该报调查的情况，寻呼市场“退市”消息正频频传出：2001 年 11 月份，北京华商寻呼将其 1.2 万用户并入北京联通寻呼公司；2002 年 4 月 9 日，北京最大的两家寻呼公司北京华讯集团和北京国讯通信公司合并。国讯公司所属 7 个寻呼台的十几万用户全部转入华讯寻呼。4 月 16 日，北京的凯奇寻呼和商业寻呼与联通公司签署协议，将两台的 2.6 万用户并入联通寻呼。4 月 18 日，国内寻呼业巨头——润迅宣布退出广东寻呼市场，广东润迅将通过改号、改频转网的方式转入广东联通，2003 年润迅将退出全国市场。

与美国的寻呼市场相比，中国的寻呼市场一直处于小而散的竞争格局，地方性寻呼台多如牛毛，有的寻呼台终端用户只有一两万人。而全美的寻呼台仅有五六家，分享 4000 万固定寻呼用户群体。

虽然中国的寻呼业在 2002 年已经开始出现大规模的整合、兼并，但是业界一部分人对于寻呼业的未来仍然保持乐观态度。当时，北京华讯集团负责人接受媒体采访时认为，美国人均年收入 10000 美元，我国只有 800 美元，美国至今还拥有 4000 万的寻呼用户，中国的寻呼行业一定会长时间存在下去，企业必须踏踏实实做市场。寻呼台是靠赚取利润生存的，所以一定要争取最低的成本。

为此，很多寻呼台也在业务上进行了诸多创新，比如与互联网联姻推出了一系列以互联网为依托的网上寻呼，他们通过 Web 网页向寻呼用户提供网业寻呼、网上秘书等服务，并可接收、发送电子邮件。还有的寻呼运营机构开发了股票、交通、车辆救援、美容咨询、家政服务、家电维修等新业务。这些创新就像今天的“互联网 + 出行 + 教育 + 餐饮 + 服务”等新型商业模式，但是基于传呼机这样的硬件显然无法推动，最终的使命只能由智能手机来完成。

传呼台的这些努力，都没有能够挽留住 BP 机的用户们。在 2007 年 3 月 2 日，信息产业部公示称，中国联通申请停止北京等 30 个省、自治区、直辖市 198 / 199、126 / 127、128 / 129 无线寻呼服务。3 月 22 日，信息产业部电信管理局发出公告，除上海市外，无线寻呼网络在北京、天津、河北等 30 余个

省、自治区、直辖市将全部关闭。

从那一刻起，曾拥有世界上最大寻呼网络和用户群体的联通，彻底退出了寻呼业的历史舞台，也基本宣告寻呼机在中国的通信市场完成了自己的使命。

消灭BP机的“终极杀手”，是不断降价的手机和不断降价的话费，尤其是手机强大的通信、短信功能，最终成了寻呼机的“克星”。如今，当年别在腰间的BP机，已然成为一种收藏品，让人偶尔回忆起那些年安静地站在公用电话机旁边，等待另外一个收到寻呼信息的人，等他们寻找固定电话给自己回音的浪漫岁月。

但是在其他国家，BP机的生命并未就此终结，而是被挖掘出新的价值，并得到了深度应用。

在美国，有很多医院仍然在使用BP机。这主要是因为医院有很多精密仪器和高端设备，为了减少手机信号对医疗设备的干扰，不少地方都对手机信号作了屏蔽。因此，在美国的一些医院里，管理者仍然为医生们提供BP机，并设立了医院内部系统的服务台。医院或科室有事通知时，可打电话到服务台，服务台会将信息发送到医生的BP机中。如遇到紧急情况，医生也可以随时利用固定电话回复和处理，非常方便。还有一个原因：手机号码属于私人信息，医生一般情况下不愿意将手机号码公开，以免受到不必要的打扰。如有急事时，为了方便医院或病人找到医生，BP 机就成了不错的选择。

另外，日本的 Tokyo Telemessage 公司将 BP 机应用于地震报警。在 2011 年发生的“3. 11 东日本大地震”突显出了现代手机的脆弱——它们严重依赖布局于城市和乡村密集的基站，但是当基站损坏或断电时，手机的通信功能就会丧失殆尽，使得地震情报、救援信息无法传递，这与 2008 年的“5. 12 汶川大地震”发生之后，手机通信在短时间内瘫痪的情况如出一辙。

但是 BP 机在这方面却有着天然的优势。由于 BP 机使用的是 280MHz 电波，特性是只需要一个中央电信塔，信号就可以覆盖较大区域，且信号对建筑的穿透性好，再加上 BP 机比较省电（传统 BP 机待机可达 15 天甚至更长时间），能持续传递中央气象局的即时警报。于是 Tokyo Telemessage 公司开始着手研制开发防灾用的 BP 机相关产品，旨在为日本地方县、市政府单位提供整套防灾和灾后通信解决方案。

Tokyo Telemessage 从 2011 年奋斗到 2016 年，终于打开了这个特定的市场，且转亏为盈，甚至 2019 年大城市京都也预定导入这套系统。Tokyo Telemessage 为 BP 机这项老旧科技找到了第二春，再次发现了它的价值。

HANDSET 03

巨头们的时代

19 世纪中叶，无线电领域发展起步。到 19 世纪末，电报机、电话机开始普及，各路资本在 19 世纪这个迷幻的年代涌入到新兴通信行业中，诺基亚、爱立信、西门子等未来的巨头就是在此时初露风采的。

到了 20 世纪，数字通信快速发展，新兴的公司加入，巨头们和新贵们开启了一场精彩纷呈的通信业狂欢。他们有着强烈的创新欲望、研发能力、战略远见以及宏大的全球战略。他们为那个时代的手机消费者带来了无数新鲜的体验、无数对新技术、新产品的期待。

这是巨头们的时代。“Hello ，Moto”这句铃声曾经让多少人怦然心动，索爱手机的铃声还在当年热播的 TVB（香港无线电视台）港片中响起，双手交握的诺基亚开机画面至今令人记忆犹新。那时候谁也不知道这些巨头们下一步要做什么，谁也不知道下一款问世的手机长什么样，又有什么样的新功能。

他们给了那个时代无数礼物和期待。收下这些礼物的人们，迄今都无法忘怀这些承载了无数回忆的品牌。

但相聚总有别离。21 世纪初，世界手机市场格局剧烈变化。手机霸主诺基亚 3 年内吐出了高达 30% 的全球份额，智能手机业务被微软收购再被卖出；摩托罗拉公司的智能手机、机顶盒业务等四分五裂，被出售给了不同国家的不同企业，爱立信、黑莓、HTC 这些品牌也都逐渐没落……正如诺基亚的 CEO 约玛·奥利拉所说：“我们并没有做错什么，但我们还是输了。”

那些曾经在通信市场运筹帷幄，甚至于一度冲击行业前列的手机品牌，如今已然渐行渐远。但他们都曾倾听过话筒里传出的如过眼烟云般的喜怒哀乐，见证了手机通信技术飞速发展带来的时代变革。

迷雾中萌芽——巨头们的基因

在 19 世纪中叶成立的那些老牌通信企业，见证了一个巨头频出的时代。通信业发展至今一半靠的是技术、一半靠的是资本。

在 19 世纪中叶的芬兰小镇上，一个彼时和通信业毫无关系的采矿工程师弗雷德里克·艾德斯坦（Fredrik Idestam），凭借着造纸生意挖到了自己的“第一桶金”之后，他和深耕橡胶业的朋友合伙创立了诺基亚公司。与摩托罗拉公司的创立极其相似的是，诺基亚在很长一段时间内也并不经营通信相关的业务，主要是纸浆、橡胶和电缆业务。直到进入20世纪后，他们才开始布局通信业务。可以看出，巨头们在早期就展现出了自身基因的差异。

虽然诺基亚把进入电信行业当作进入20世纪后第一个重大的战略决策，但从具体决策上看，他们还保留着传统资本密集型行业出身的投资习惯——1902年，诺基亚进入电信业的切入口是增设电缆公司，此时距离诺基亚公司的成立，已经过去了近40年。

这并不是什么好事情，只能说当初诺基亚的创始人对无线电通信行业发展的趋势预判并不敏锐。

因为横向比较后，可以看出未来的手机巨头们都早已切入了更具有竞争力的技术研发路线。但“出身”的不同，让这些未来在国际市场上呼风唤雨的手机巨头们从此走上了截然不同的发展道路。

例如一早就进入通信行业的西门子。

1847 年，维尔纳·冯·西门子(Ernst Werner von Siemens，以下简称西门子先生)与好友共同成立了西门子—哈尔斯克电报机制造公司。公司有一项最为重要的技术资产就是西门子先生发明的新一代电报技术。当时世界上的电报都使用莫尔斯电码，而他的发明，是使用指针来指出字母顺序。这一电报技术后来成为主流。这也是我们现在观看的反映欧美 19 世纪风物的电影中，指针式电报机的来源。

图 3-1 古老的德国纸币上印有维尔纳·冯·西门子的画像

与此同时，西门子在电报行业的扩张之中，无意间为另一家通信行业的未来巨头、同在北欧的爱立信提供了发展的基础。爱立信的创始人，是在瑞典电报公司负责维修电报设备以及其他机械设备的员工拉什·玛格纳斯·爱立信（Lars Magnus Ericsson，以下简称为爱立信先生）。他对电报行业有着极大兴趣，曾在德国游学并在西门子公司待了很长一段时间，工作期间专门研究西门子公司的电报工程技术，迄今我们还能找到他就职西门子公司时的设计图纸。爱立信先生在游学结束回到瑞典后，于 1876 年 4 月 1 日与他的一位工友安德森共同创建了爱立信机械维修公司。当美国生产的电话机进入瑞典市场后，原本做机械修理的爱立信先生通过对电话机的维修和研究，迅速掌握了电话机制造技术，推出了自己的电话机从而进入通信行业，并且快速扩张。

西门子公司虽然在一定意义上和爱立信有着命运的联系，但可以看到的是，爱立信是从机械维修切入市场，其后来发展采取的是和西门子公司完全不一样的战略，尤其是在细分市场上，爱立信公司甚至远远超过创始人爱立信先生曾经学习过的西门子。

具体来看，在诺基亚还没有投身于通信行业的 19 世纪，德国的西门子公司就已经建造了从柏林到法兰克福跨度为 500 公里的欧洲第一条远距离电报线；同时开始参与俄罗斯远距离电报网络的建设工作。他们在英国伦敦设立了代表处，在俄罗斯圣彼得堡设立了分支机构。

而此时爱立信公司在进行机械修理业务时，正逢贝尔电话实验室主导的电话相关业务在欧洲铺开，因而接到了很多电话机维修的相关业务。凭借着对电话机维修技术的认真研究和电报机行业的深入学习，爱立信公司很快开展了电话机制造业务，并在 1878 年 11 月推出了自己生产的电话机。考虑到彼时的电话机业务并非只是终端产品的贩卖，而是电话网络系统的整体运行和维护，加上贝尔电话实验室早已经在瑞典多个地区建立了电话网络，因此，爱立信只有快速进入电话系统的运维才能获得地区市场。

从这个现实出发，爱立信在 1881 年开始以市级电话系统项目入手，和当时的贝尔电话公司（即后来的美国电话电报公司 AT&T）一起参与了地方招标，最后爱立信以产品的简便、耐用、美观打败贝尔电话公司获得了这一项目。随后，在挪威又再度通过竞标打败贝尔电话公司。此时，怀疑爱立信公司产品性能的人们纷纷回头，客户们认为，“这家报价更便宜的北欧本土企业是可以与世界上最大的电话公司竞争的。”很快，竞标中“打败贝尔”成为爱立信公司开拓全球市场的宣传语，这家北欧的小企业几乎一刻不停地开始了全球布局。

和很多“山寨”企业从早期到中期的发展历程一样，爱立信公司通过最初仿制，然后自主开发，再到用低廉的价格争夺市场。获得认可后，爱立信公司就迅速地将眼光投向远方。这样的发展路径，可以投影到诸多领域的巨头公司，这也是对创新能力的一种考验。当爱立信电话机在欧洲大面积推广后，他们就做起了俄罗斯人的生意，同时还和彼时的清政府有着贸易往来。在诺基亚宣布成立电缆公司时，爱立信已经领先其 10 年（1892 年）就将电话卖到了那时的中国。

当然，重资产出身的诺基亚，在 19 世纪的发展也不能说是失败的。因为对于企业发展而言，创始人熟悉重资产行业的运作，但是以技术创新转型，则需要长期投入的魄力和对相关行业景气度、发展趋势的正确认识，以及对产业未来敏锐的判断和把控。这对于传统行业的实业家而言，需要一个认识的过程。更何况当时以通信起家的西门子，在 19 世纪末也开始进军电气列车和灯泡制造业。

与此同时，需要看到的是，这些欧洲手机巨头们，向海外市场扩张的时间非常之早。这很容易分析——因为对于欧洲公司来说，全球化扩张是欧洲大部分企业很容易展开的战略。这不仅是因为欧洲整体市场份额有限，竞争激烈，还因为追溯到大航海时代，欧洲资本家就已经有了海外贸易的概念，这让人联想起瑞典与清朝开展贸易的哥德堡号商船，或是后来在海外贸易获得巨额利润，同时臭名远扬的东印度公司[①]。

19 世纪的电信巨头们正在拨开迷雾眺望未来，而且他们勇

① 不列颠东印度公司（或作“英国东印度公司”，British East India Company，简称 BEIC），有时也被称为约翰公司（John Company），1600 年 12 月 31 日英格兰女王伊丽莎白一世授予该公司皇家许可状，给予它在印度贸易的特权而组成。

于探寻并不断尝试。市场也在不断地成熟，因为通信天然就是全球化、跨区域、跨国家的生意，属于巨头们的时代已经悄然来临。在 19 世纪末，西门子、爱立信已经在电话、电信相关业务上拥有了自己的话语权。此时，诺基亚也注意到了“邻居们”的动态，摩拳擦掌，准备加入这场商战。

在进入20 世纪后，这些有着不同基因的巨头们已经积累了雄厚的技术和资产，这时的他们将参加一场前所未有的通信业的饕餮盛宴。

巨头们的“更迭”

在 20 世纪初，诺基亚通过电缆业务切入通信行业的同时，处于高速发展时期的爱立信却是以创始人辞去总经理、董事长职务，并卖出公司股票开篇的。

这似乎不太吉利。但是放在更大的维度上，即便是巨头们也无法选择。因为在盛宴即将开始前，二战爆发了。西门子被卷入战火，诺基亚和爱立信同样遭受到了巨大的打击。在欧洲一片混乱时，美国的未来巨头正在快速发展中。

1927 年摩托罗拉公司成立，它在 20 世纪 30 年代开始进入通信行业。在二战爆发后，摩托罗拉不仅没有受到打击，反而在 1941 年，由丹尼尔 · 诺布尔（Daniel E. Noble）领导并正式成立一个负责销售的公司——摩托罗拉通信和电子公司。同时其研发的无线电通信设备，也在二战战场上打出了品牌和名气。可以说，摩托罗拉公司的辉煌从这时候就已经初见端倪。远离欧洲战场的美国，在二战中给予了自己国内企业很好的保护和更多的机会。

二战结束后全球经济开始复苏，因为战争中对无线电的需求极高，电信行业的发展前景被认为是非常好的，同时市场上已经出现了可以对标的知名企业，战争时期大出风头的摩托罗拉公司就是其中之一。但是，巨头们的成功并不是只靠运气。二战期间，诺基亚的"邻居"爱立信，确定了研发新的电话交换系统的战略，并在二战结束后，在相关国家的战后重建中获得了在全球布局的机会。从产业链下游切入的制造派爱立信，此刻完全像一头猛兽，抓住一个机会就不会松口。在交换机明朗的发展态势下，爱立信大力投入研发，并获得了成功，其交换机业务和研发至今仍然是爱立信的核心竞争力。

当时，全球的通信行业正享受着前所未有的高速发展：二战后，电话市场需求激增，爱立信率先成功研发了纵横制系统，并借此提升了自己的市场份额，成为电信业公认的知名通信公司。

命运就是如此跌宕起伏。欧洲通信业巨头们的排位发生了变化，爱立信公司站到了西门子公司前面。此时的西门子公司更愿意把时间投入到当时的新兴工业上，它开始涉足电脑、电子显微镜、半导体设备、洗衣机和起搏器行业。虽然这些新兴工业也是此后西门子在数字电话时代大放异彩的技术基础，但此时它在通信领域还难以与爱立信匹敌。

看着“邻居”成为全球电信业的巨头，同在北欧的诺基亚也看到了电信行业的巨大发展潜力。20 世纪中叶，担任诺基亚 CEO 的比约恩·韦斯特伦德（Björn Westerlund）牵头建立了诺基亚电子部。该部门所负责的不仅是电信业务，还有无线电传输的相关研发工作，后来诺基亚最为关键的移动通信部门的前身就是该部门。彼时由于该板块受到相当程度的重视，其发展速度也非常之快。资料显示，截止到 1967 年时，诺基亚的电子部已发展成为一个拥有 460 人，净销售额占整个集团总净销售额 3% 的重要业务板块[①]。

这一时期，巨头们的发展路线差异化非常明显，这是因为他们在等待一个打败贝尔电话公司的机会。很快，这个机会就

① 百度百科. 诺基亚 [EB/OL], 2019 - 05 - 30, https://baike.baidu.com/item/%E8%AF%BA%E5%9F%BA%E4%BA%9A/114431? fr = aladdin.

出现了。20 世纪 70 年代初，电信业开始进入数字时代。这时摩托罗拉公司研发出了世界上第一部手机，爱立信公司研发出了其企业发展史中最重要且最成功的战略产品——世界上首台数字交换机 AXE。着力于电气电子制造的西门子公司也恢复且超越了战前的技术水平和规模级别，在通信业务上，西门子公司的数字处理能力不仅代表着它在计算机行业的地位还有其在通信行业的布局，而且数字电子交换系统已成为行业中盈利最高的业务之一。

如果产品的形态和定位能够切合当时的市场需求，如果能够稳扎稳打地进行扩张布局，诺基亚或许能够把握这一次机会，在不久后成为一家通信行业的知名企业。毕竟在韦斯特伦德担任诺基亚 CEO 兼董事会主席期间，诺基亚在芬兰电信市场所占的份额一直在不断增加。而且，在韦斯特伦德从董事会主席的位置上退下来之后，诺基亚迎来了一位新的 CEO——45 岁的卡利·凯拉莫（Kari Kairamo）。这位正值壮年的管理者从韦斯特伦德手中接管诺基亚后，继续推进着前任对电信业务的战略部署。但比起通过自主研发，凯拉莫则选择了更快的方式——通过收购 Mobira 等电子制造商，实现手机终端研发能力的快速提升。1982 年，北欧的移动电话服务网络正式开通，诺基亚第一部“手机”（Mobira Senator）就是其收购的 Mobira

研发的。作为世界上首部车载移动电话，这款“手机”重达 10 公斤，只能配备在汽车上。

图 3－2　2002 年诺基亚上市了一款造型经典的手机，型号为 8910。

但是，事不遂人愿。在实际投放中，诺基亚这款显得“笨重”的产品无法让那些已经被摩托罗拉公司的手提电话 Dyna TAC“刷过屏”的消费者兴奋起来。诺基亚公司的这一失败与爱立信的成功对比起来，显得更为狼狈。当时爱立信已经研发出了被称为最成功且最具有远见的数字时代战略产品 AXE 数字交换机。最初电话都需要接线员转接，但数字交换机则是效率更高的自动信息传送交换。这一产品的推出，显示出了拥有 10 年技术累积的爱立信在数字交换技术中的领先地位。这款产品很快就为爱立信拿下了全球大量的市场份额。与此同时，随着移动通信的逐渐兴起，爱立信还进行了业务重心调整，它选择在固定电话行业发展巅峰期向移动通信系统转移，开始布局 GSM/GPRS 网络。

此时的诺基亚，还在进行“大哥大”的研发，踏着摩托罗拉公司的足印前行，以期从大哥大市场分得一块蛋糕。1987

年，诺基亚正式发布了重达 1.7 磅的手提电话 Mobira Cityman。但这款产品看上去外形和摩托罗拉的产品没有太大区别。

因此，诺基亚与摩托罗拉在手机技术研发领域的竞争异常激烈，但是在刚刚兴起的欧美甚至中国手机市场上，诺基亚仍然难以和摩托罗拉匹敌。在很大程度上，诺基亚的竞争力更多地体现在全球布局的策略上，而非产品本身。

当时，由于芬兰在冷战时期保持中立，该国的跨国企业与苏联及其盟国有着相对较好的贸易往来。苏联及其盟国为芬兰的企业贡献了不少营收业绩，尤其是像诺基亚这类拥有庞大国际贸易体系的企业。例如上述诺基亚的 Mobira Cityman 发布后，苏联领导人戈尔巴乔夫使用了这款手提电话，因而这个苏联款的大哥大还意外地获得了一个昵称“Gorba”（戈尔巴）。

同时，诺基亚在 1985 年成立了诺基亚中国公司，开启了亚洲市场的重要战略布局，这让正处于对外开放时期的中国市场向其展开了怀抱。除了摩托罗拉之外，中国消费者使用的大哥大中也有不少诺基亚的产品。因此，在中国市场，手机消费者对于诺基亚这一品牌有着长期培养起来的天然好感。但是，由于摩托罗拉更早地进入了中国香港，人们普遍将大哥大与摩

托罗拉画上等号。与此同时，摩托罗拉的“BP机”更是为其带来了中国市场的品牌知名度和丰厚盈收。反观诺基亚，只能说是做对了“战略”，但是没有更多地占领市场。

此外，因为快速扩张，诺基亚在欧洲其他通信业巨头走向兴盛的同时，却不得不面临资金链濒临断裂，几乎破产的局面。其中主要的原因是诺基亚在短期内快速并购扩张，使得企业机构越来越臃肿，例如其电子产业板块不仅拥有电话、手机制造业务，还有计算机、电视制造等细分业务，并且由于大量收购其他电视企业，使得诺基亚一度成为世界上第三大电视制造商。对于现在的很多消费者而言，可能会惊叹一声：“天啊，诺基亚居然还生产过电视？”加上它原有的造纸产业、橡胶产业以及该产业上下游资产，诺基亚共有11个集团，年度总收入曾达到了27亿美元，但是其资金链也同样紧张。更不幸的是，1988年诺基亚的少壮派CEO凯拉莫自杀身亡。他自杀据说就是因为并购电视机厂失败，导致公司面临巨大亏损，抑郁症的折磨也让他最终选择走上绝路。

除了内忧，还有外患。诺基亚的疯狂并购背后是芬兰等北欧国家的金融体系改革。这些国家纷纷放松银根，各银行以外汇为主向企业疯狂放贷。但1987年从美国开始的经济危机开始席卷全球，芬兰也不可避免地在1992年前后出现了货币危机。同时，1991 年 12 月 25 日苏联解体，这让将苏联作为重要出口市场的芬兰遭遇重创。数据显示，在此期间芬兰国民生产总值下降了 13%，失业率从 3.5% 上升到 18.9%，[①]芬兰五大商业银行之一的芬兰储蓄银行解体。包括将国外业务重点放在苏联的诺基亚等众多企业遭受重创，尤其是在银行大举借债的企业，其控制权也随之转移到银行，而银行则随时有可能分拆资产处理坏账。

因为扩张和市场受阻的诺基亚没有加入梯队竞争，这也让西门子、爱立信在自己的领域里如鱼得水。与此同时，摩托罗拉靠“大哥大”在手机市场上一家独大。20 世纪 80 年代到 90 年代间，也是摩托罗拉最叱咤风云的时期。

但是很快，盛宴的高潮就逆转了。

带领诺基亚从濒临破产到集中发力手机业务，并使之走向巅峰的传奇总裁约玛·奥利拉（Jorma Ollila）在 1989 年作为诺基亚国际运营部副总裁加入了诺基亚。此后，他成为诺基亚董事会代理成员并在诺基亚的危急时刻——即 1990 年临危受命，成为移动电话部门的负责人。当经济危机袭来，诺基亚臃

① 搜狐网. 读懂芬兰经济发展史［EB/OL］, 2017 - 09 - 14, https://www.sohu.com/a/191975145_99988137.

肿的身躯寸步难行时，当来自芬兰银行的董事长米卡·蒂瓦拉(Mika Tiivola)对诺基亚进行大刀阔斧地重组拆分时，奥利拉果断向董事会提出建议，不要出售移动电话部门。

彼时，芬兰银行作为诺基亚的大股东，和所有银行股东一样，对经营如此庞大的集团毫无兴趣。芬兰银行开始不断出售诺基亚公司的相关业务，包括移动通信资产。诺基亚在聘请了相关评估机构进行资产估值后得出的结论是，诺基亚手机业务无法与摩托罗拉以及日本的手机制造商竞争。但奥利拉力排众议，凭借着他在银行资深的履历背景，以及对于诺基亚相关业务的深入了解（注：奥利拉在银行时主要负责的客户中就有诺基亚），向董事会提出了将诺基亚转型为一家“以移动通信为导向”的公司，即将诺基亚打造成以移动电话和电信基础设施为主营业务的公司。

彼时，诺基亚移动通信部门在他的带领下，已经开始布局GSM 网络。简单来说就是诺基亚在战略上绕开了摩托罗拉等企业正独领风骚、以模拟信号手机“大哥大”为主的 1G 市场，而转向下一代数字通信技术的研发，以求在新的技术革新下，获得先发优势。这和它的北欧“邻居”爱立信的选择是一致的。

很快，奥利拉向董事会交出了一份非常不错的成果，显示出诺基亚在移动通信领域卓越的研发能力和一个颇有希望的未来——1991 年 7 月 1 日，芬兰总理哈里·霍尔克里(Harri Holkeri)使用诺基亚公司建造的 900 兆赫频带网络以及诺基亚设备拨打了世界上第一个 GSM 电话——这意味着数字电话时代、2G 时代来了，诺基亚一定大有可为。

这个战略以及由此取得的成绩，显然说服了董事会。1992 年，在大量出清旗下资产的情况下，诺基亚保留了移动通信相关板块。在奥利拉担任 CEO 的 10 个月后，全球首款真正量产的 GSM 手机诺基亚 1011 上市。这不仅是诺基亚 1 系列的始祖，更是世界上第一款拥有“短信”功能的手机。在开机后黑白屏幕上出现的两只慢慢牵在一起的手，诠释了手机的真正意义：实现人与人的链接和交流。这也验证了库帕当初发明大哥大的初衷：“我们相信，电话号码对应的应该是人而非地点。”

诺基亚 1011 手机跨时代的意义是明显的，它的登场意味着我们沿用至今的 GSM 制式网络终于来临。诺基亚创造出了一款直面消费者的手机终端。这款产品几乎是爆炸性地冲击了全球手机市场。在不少媒体的报道中，这款产品的上市被认为是在 2G 网络建设铺开的背景下，帮助诺基亚完成转型的重要产品。

这时候的摩托罗拉，虽然也布局且成功展示了世界上第一个原型数字蜂窝系统和使用 GSM 标准的手机，但它在市场上，仍然把主要精力放在推广模拟信号手机以及寻呼机。诺基亚正是瞄准了这个市场空缺，并迅速推广了自己的产品。

随着诺基亚的手机业务不断增长，西门子直接“杀”上门来，提出收购诺基亚手机业务，这当然没有成功。1994 年，诺基亚公司股票在纽约上市，直接融资降低了财务成本。畅通的融资渠道，也给予了诺基亚在全球手机市场迅速崛起时实现快速募集资金、快速投入生产、快速放量占据市场的机会。伴随着全球 GSM 网络的建设运营，1994 年，移动电话市场开始进入空前繁荣的发展阶段，诺基亚的产量同比增长超过100%；1995 年，诺基亚手机业务全线放量，整体手机销量和订单剧增，当年 10 亿美元的利润创下了历史新高。这家才上市一年的公司，不仅就此彻底摆脱了破产窘境，而且市值连创新高，一度达到了 1980 亿欧元，成为欧洲市值最高的上市公司。1996 年，诺基亚全球出货量达到第一，真正成为全球手机霸主[①]。

① 人民日报．诺基亚发布全面屏手机 X6，那个我们熟知的街机要回来了？[EB/OL]，2018-05-18，http://baijiahao.baidu.com/s?id=1600766722564188213&wfr=spider&for=pc.

巨头们就是如此在军事、政治、经济、技术环境的浪潮中轮流称霸的。诺基亚打败了1G时代只手遮天的摩托罗拉，爱立信打败了电话机时代翻云覆雨的贝尔。只有抓住机会看准方向，才能成为全球性的龙头企业，奠定自己在行业内的霸主地位。

爱立信好像从来没有犯过错。在诺基亚快速发展的这一段时间里，互联网正在快速兴起。他的北欧“邻居”爱立信在1995年建立了一个名为Infocom Systems的互联网项目，首席执行官阮魁森博士（Dr. Lars Ramqvist）就该项目在年度报告中写道：利用固话电信和IT领域的领先机会，将扩大移动电话和终端、移动系统和Infocom Systems的业务。彼时，GSM已经成为事实上的世界标准，加上爱立信的其他移动标准，意味着到1997年初，爱立信将拥有全球移动市场40%的份额，这大约是5400万用户。

北欧的这两家通信企业，一家在基础设施建设上奔跑着，另一家集中全力在消费市场出击。孰优孰劣？没有答案。可以看到的是，诺基亚的战略选择被证明是非常成功的。

从财报来看，其营业利润从1991年的负收益增长到1995年的正收益10亿美元；1998年10月，诺基亚超越摩托罗拉成为最畅销的手机品牌，并在当年12月制造了第一亿部手机；

1999 年营收接近 40 亿美元[①]。

诺基亚、摩托罗拉、爱立信等都是现代企业成功的典型样本。提前布局即将技术革新的行业，获得确定性反馈后，集中力量加大杠杆快速扩张，形成行业龙头，并通过继续对技术投入研发、产品迭代保持竞争力。这样的战略决策与强大的执行力，都是值得后来者们学习的。

陨落的巨头

有人说，失败才是成功最好的对标。鼎盛时期的诺基亚拥有充满活力的创新团队，敢于布局前沿的技术，例如拿下塞班团队的控制权。 对于这个偏安芬兰的企业，他们还有着宏大的全球战略。这是诺基亚从身陷泥潭到乘风破浪直冲云霄的基础。但 20 年后，他们却很快地衰败了。“我们并没有做错什么，但我们还是输了。”——从 1996 年开始，连续 15 年占据手机市场份额第一位的诺基亚，最终在 2013 年 9 月被微软收购，在记者招待会上，公司 CEO 约玛 · 奥利拉说了这一

① 百度百科. 诺基亚［EB/OL］，2019 – 05 – 30，https：//baike. baidu. com/item/% E8% AF% BA% E5% 9F% BA% E4% BA% 9A/114431？ fr = aladdin.

句话。

同时，作为全世界第一部手机的发明者，摩托罗拉公司无疑是世界无线（移动）通信的先驱和领导者，可以说开创了整个现代通信产业，更是实现了可以跨地域和时间的即时性、移动性通信。除了日新月异发展的飞机、高铁等交通工具以及互联网之外，还有现代通信，综合这些要素才最终推动和实现“世界是平的”这一趋势。

不仅如此，在20世纪90年代，摩托罗拉在移动通信、数字信号处理和计算机处理器三个领域都是世界上技术最强的“玩家”。但让人唏嘘的是，在2003年9月，当摩托罗拉创始人保罗·加尔文(Paul V. Galvin)的孙子克里斯托弗·加尔文(Christopher Galvin)不得不离开摩托罗拉董事长的职位时，他或许没有想到，这是加尔文家族企业历史的终结，而摩托罗拉后来再也没有机会能够重新崛起。最终，在2014年10月30日，摩托罗拉移动智能手机业务被联想以29亿美元收购。此外，摩托罗拉作为全球最大机顶盒生产商，这项业务被几度转手，可谓命运多舛。以至于在《浪潮之巅》这本书里，作者吴军如此描述摩托罗拉：

图3-3　2000年3月摩托罗拉推出了型号为v998的手机

“就像一个戴着假发拿着手杖的贵族，怎么也无法融入时尚的潮流。”

曾经的摩托罗拉就像美国科技的一杆旗帜傲立于浪潮之巅，就如同今天的苹果公司。但是，在 1991 年，当爱立信和一家芬兰公司架设了第一个 GSM 的移动通信网时，当诺基亚着力于把手机越做越小时，沉醉于“砖头”手机“大哥大”给自己带来辉煌的摩托罗拉，依然相信自己的产品还有着强劲的生命力和很长的生命周期。由此，在后来的通信行业竞争中，摩托罗拉做出的判断，已然与时代产生了错位。

其实，诺基亚正是由于作出了发展道路上最重要的战略抉择，最终才能在全球通信行业问鼎。由此可见，在商业发展的不同阶段，企业家对市场、技术以及未来的判断决定了企业的生死。但这样的判断往往又因为身处时代的局限性，而无法确认是否符合时代潮流和未来发展趋势。关键在于，发现判断失误之后，企业是否能够承受纠错成本，纠错机会是否能够找准，由此才不至于在错误的方向上越走越远。

摩托罗拉便是如此。在模拟手机向数字手机过渡时期，摩托罗拉失去了一次机会，但后来摩托罗拉超前打造的“铱星计划”，更是彻底地把自己拖入了泥沼。按照《浪潮之巅》作者吴军的说法：“世界科技史上最了不起的、最可惜的、也许也是最失败的项目之一就是以摩托罗拉牵头的铱星计划。”

在 1987 年，以摩托罗拉为首的一些美国公司在政府资助下，提出新一代卫星移动通信星座系统。铱星计划和传统的同步通信卫星系统不同，新的设计是由 77 颗低轨卫星[①]组成一个覆盖全球的卫星系统。每颗卫星有 3000 多个信道，可以直接和手机实现互相通信。

但是这个计划太超前、太庞大了。虽然后来铱星计划发射的卫星总数只有 66 颗，但是项目投资仍高达五六十亿美元，每年的维护费又是几亿美元。因此，从 1996 年第一颗铱星上天，到 1998 年整个系统投入商业运营，铱星计划不得不承受巨额的投资和维护费用，而且其通信成本又远远高于蜂窝通信网络。最后铱星计划换来的只有几十万人的终端用户，其收入根本无法维持公司运转。最终，铱星公司在 2000 年 3 月 18 日正式宣告破产。

就在摩托罗拉投入大量精力和财力发展铱星计划之时，

① 低轨卫星系统一般是指多个卫星构成的，可以进行实时信息处理的大型卫星系统，其中卫星的分布称之为卫星星座。低轨道卫星主要用于军事目标探测，利用低轨道卫星容易获得目标物高分辨率图像。低轨道卫星也用于手机通信，卫星的轨道高度低使得传输延时短，路径损耗小。

GSM开始逐渐在通信行业“一统江湖”。与此同时，除了诺基亚避开与摩托罗拉的直接竞争之外，三星、爱立信、LG等企业，都借势实现了全球化的扩张，并将摩托罗拉远远地甩在了后面。

不过摩托罗拉在回归手机的征途中仍有许多亮点，比如2003年推出了翻盖手机的经典产品“刀锋RAZR V3”，凸显出这家手机巨头独特的创新和设计能力。同时，凭借摩托罗拉在全球尤其是中国市场强大的品牌号召力，其诸多新产品完全可以与爱立信、诺基亚的产品匹敌。

不仅如此，在2001年，摩托罗拉与广东移动中山分公司联合推出了V998、L2000等五款印制有“中国移动通信”的手机，开创了中国定制手机的先河，它在渠道控制以及宣传策划方面也是独树一帜。

无可奈何花落去，曾经沧海桑田的摩托罗拉大势已去，全球的市场份额逐渐被蚕食，新产品也越来越缺乏话语权和影响力，消费者再也无法像热衷“大哥大”或者BP机那样追捧摩托罗拉的产品了——对于消费者而言，数字手机有着更为丰富的选择和更良好的用户体验。

接替摩托罗拉老大位置的，是诺基亚。在2003年，诺基亚1100在全球已累计销售2亿台；2009年，诺基亚公司手机发货量约 4.318 亿部；2010 年第二季度，诺基亚在移动终端市场的份额约为 35.0%，领先当时其他手机市场占有率 20.6%[①]。

但是坐上通信行业老大位置的诺基亚，却无法重演当年“断臂求生”的果决，没能在企业发展的路径上再次做出正确的判断。在 3G 智能机时代来临之际，当 2007 年 iPhone 出现时，当三星、HTC 因 Android（安卓）系统崛起时，当触屏时代到来时，诺基亚依然固守 Symbian（塞班）系统，固守手机物理按键。这就像黑莓手机一样，对物理按键同样充满了情怀，却同样失去了最好的机会。

2011 年，诺基亚与微软达成全球战略同盟，并深度合作共同研发了 Windows Phone 操作系统；2013 年，微软宣布以约 54.4 亿欧元的价格收购诺基亚设备与服务部门。但最终结果却是 2016 年 5 月 18 日，诺基亚将 Nokia 品牌授权给 HMD 公司及鸿海集团旗下富士康进行生产制造，诺基亚与通信终端市场渐行渐远。

但是诺基亚并未停止转型之路。在 2013 年 7 月，诺基亚斥资 17 亿欧元收购西门子通信(NSN)剩余 50% 股份；2015 年

① 百度百科. 诺基亚［EB/OL］, 2019－05－30, https://baike.baidu.com/item/%E8%AF%BA%E5%9F%BA%E4%BA%9A/114431?fr=aladdin.

初，已处在微软旗下的诺基亚以156亿欧元收购阿尔卡特朗讯100%的股权，由此成为提供全方位服务的网络基础设施供应商，与华为、爱立信呈现鼎足之势。此外，诺基亚还保留了其专利与技术许可业务。2016年，诺基亚向手机企业收取的专利费用虽然在公司营收占比不足5%，却贡献了22%的营业利润，为公司的转型提供了流动资金的支撑[①]。

因此，当今天回顾诺基亚的选择时我们会问，“他们做错了什么吗？”他们好像确实没有错，而且他们一直在创新的道路上砥砺前行。目前，进军5G或将是诺基亚再次崛起的一次新机会。

此外，还有在中国发展得如传奇般的企业爱立信。这个早在1892年就与当时的清政府签约建设中国第一个人工电话交换站的瑞典企业，在1987年又为中国建设了第一套900MHz蜂窝移动电话系统。但是在移动电话的推广和销售上，虽然爱立信曾经借力007系列电影一度风靡世界，但是一直未能熟悉中国市场，甚至因为2000年的两款手机故障问题，被中国媒

① 人民日报. 诺基亚发布全面屏手机X6，那个我们熟知的街机要回来了？［EB/OL］，2018-05-18，http：//baijiahao. baidu. com/s? id=16007667-22564188213&wfr=spider&for=pc.

体和公众口诛笔伐。虽然 2001 年日本索尼公司和爱立信曾合资成立索尼爱立信公司（简称索爱），而且索爱手机一度风靡市场。但是坚持 10 年之后，2011 年的 10 月 27 日，索尼宣布以 10.5 亿欧元收购爱立信持有的 50% 索爱股份，索爱也成为索尼的全资子公司。在 2012 年 2 月，索尼移动通信子公司成立，索爱从此寿终正寝。

但是，今天的爱立信仍坚守在自己最具竞争力的板块——作为全球最大的移动系统供应商，它旗下的通信网络系统、专业电信服务、专利授权、企业系统、运营支撑系统（OSS）和业务支撑系统等服务业务，能够为世界所有主要移动通信标准提供设备和服务，全球 40% 的移动呼叫是通过爱立信的系统进行的。尤其是爱立信在 5G 领域的布局，已然走在了行业的前列——截至 2018 年底已经获得全球最多的 5G 商用合同，同时与全球领先的运营商签署了 40 项 5G 网络测试的合作谅解备忘录，并与全球 22 家行业合作伙伴、45 所大学和研究机构在 5G 领域全面展开合作。

就在中国即将全面展开 5G 商用之际，三星在中国的市场份额却正在日渐萎缩。根据国际市场研究机构 IDC 的统计数据显示，虽然三星智能手机在 2018 年全年出货量高达 2.9 亿部，全球市场占有率从 2017 年的 21.7% 下降到 20.8%，仍

稳居全球第一。但是在中国市场，三星的市场占有率持续下降已经是不争事实。数据显示，2013 年三星手机在中国的市场份额占比为 19.7%，占据中国智能手机的头把交椅。但随后便开始下滑，到 2017 年三星手机在中国市场的份额仅为 2.2%。

此外，IDC 发布的 2018 年第四季度中国智能手机市场报告显示，这个季度中国智能手机市场总出货量大约 1.03 亿台，同比下降 10%。按照智能手机在中国市场的占有率排名，三星以 70 万台的销量排到了第八名，销量同比更是下降高达 36%。此外，整个 2018 年三星手机在中国的总销量是 334 万台，市场占有率仅为 0.8%，排在第八位，被排在第一位的 OPPO 以 19.8% 的市场占有率远远甩在后面。曾几何时，三星手机在中国市场的份额高达 22%，以领先第二名 10 个百分点的优势牢牢占据销量王者的宝座[①]。

三星在中国市场的萎缩已然影响到了上游制造环节。三星电子位于天津的手机制造工厂于 2018 年 12 月 31 日正式停产。三星中国相关负责人在回应《中国经营报》记者采访时表

① 199IT 网. IDC：2018 年 Q4 及全年全球智能手机市场数据［EB/OL］，2019-02-01，http：//www.199it.com/archives/829963.html? night=0.

示，这是“三星在华投资在转型升级”。事实上，关于三星电子天津工厂关闭的消息流传已久，这已经不是三星第一次关闭在华工厂。早在2018年4月份，三星就宣布撤销深圳三星电子通信公司，三星深圳手机工厂关停。在2019年6月，坊间又盛传三星将关闭其中国的最后一家手机制造工厂——惠州三星电子有限公司。对此，三星给予了辟谣，否认关闭工厂传闻。

曾经作为全球第5大手机企业的飞利浦，却选择了不同的发展方向。飞利浦的手机信号强大，通话质量好，尤其是待机时间超长，曾经让很多国际品牌都望尘莫及，也让很多忠实粉丝奉为“神器”。

1995年，飞利浦进入中国，当时销售的第一款手机是898型号。虽然在2000年的时候，飞利浦在全球的手机市场占有率只有2.9%，但其当时在中国市场的销量排名前10[①]。即使如此，飞利浦看到其全球业务处于亏损状态，仍然果断地决定砍掉手机业务，最终在2007年由中国电子公司收购飞利浦手机业务。这也是最早在中国市场停止手机销售的“洋品牌”。而且在2013年1月，飞利浦剥离了消费电子业务。由此，我

① TechWeb. 飞利浦重蹈西门子手机业务覆辙? [EB/OL]，2006-10-16，http://www.techweb.com.cn/column/2006-10-16/107171.shtml.

们今天看到的是一个生产照明、家庭电器、医疗系统产品为主的飞利浦，它已经彻底离开了手机的江湖。

这就是企业的选择，或壮士断腕，或犹豫不决，或选错方向。在发展的道路上，探索的成本很高，或许我们真的没有做错什么，但最终还是难免在市场竞争中败北，所以“实践才是检验真理的唯一标准”，而时间也是检验企业生存和发展的唯一尺度。

HANDSET 04

中国品牌崛起

HANDSET 04

2018 年 4 月，瑞银集团发布研报称，随着中国手机市场的成熟以及本土品牌的崛起，苹果对中国智能手机市场的统治已经彻底结束。这份研报，给过去长达数十年被国际手机品牌统治中国手机市场，重新审视自己的机会。

同年 7 月，国产手机品牌小米的母公司小米集团(0810. hk)以 17 港币每股的发行价登陆香港股市。被戏称为“雷布斯”的创始人雷军，身价达到前所未有的高峰，用 2018 年的流行语来说就是“好嗨哟，人生已经到达了巅峰”。

与此同时，中国国产手机品牌出货量已经在全球智能手机市场上排进前列，仅以 2018 年手机厂商全球销量排名来看，前 6 名梯队中有 4 席都是中国品牌。除了排名 1、2 的三星、苹果外，华为、小米、OPPO、vivo 分别排在 3、4、5、6 位。此外，在中国智能手机市场销量前 10 名中，只有苹果和三星入围，而且分别排名第 6 和第 8，前 5 名分别是 OPPO、vivo、荣耀（华为子品牌）、小米和华为，这无疑是中国手机品牌在世界舞台上的高光时刻。

这样的变局，若是放在 2012 年，人们根本不敢想象。若是放在 1987 年摩托罗拉第一次登陆中国市场的那一刻，今天的市场局面更是天方夜谭。

那时候，在苹果手机在市场上的高歌猛进，诺基亚、黑莓尚未全面下滑的背景下，全球手机市场被几大巨头垄断着。中国方兴未艾的手机市场更像是这些国际手机巨头的斗兽场。在巨头们的阴影下，中国手机制造业意味着代工和山寨。

在 2010 年前后，全球有 4 成的手机在中国制造，但中国真正的手机品牌（非山寨）却少得可怜，只有几家家电、PC 品牌“大佬”和运营商荫蔽下的个别品牌诸如长虹、TCL、联想、天语等，以高性价比的低价策略争夺着中国的中低端手机市场。即使如此，这些低价机的市场份额仍然少得可怜。回顾 2008 年到 2012 年中国本土市场的手机销量前 5，分别是诺基亚、三星、HTC、索尼[①]、摩托罗拉轮番登场，没有中国厂商的一席之地。

在 2007 年 11 月，谷歌与全球 84 家硬件制造商、软件开发

---

① 在 2008 年 – 2012 年期间，包括索尼和索尼爱立信（简称索爱）手机两大品牌，相关数据和报表进行了合并口径进行统计。

商及电信运营商组建开放手机联盟，共同研发改良 Android 系统的背景下，中国手机厂商终于有了和世界品牌在软件技术上站到同一起跑线上的机会。在塞班时代被打得毫无还击之力的国产品牌们，抓住诺基亚等巨头衰落带来的市场空缺，开始各施所长，一部分品牌与运营商捆绑、一部分与互联网电子商务捆绑、一部分单枪匹马一头扎入硬件海洋寻求高端市场的突破口。国际巨头们侧身让出的战场上，国产品牌奋力厮杀。这其中有的活下来了而且还活得很好，有的却跌落神坛，再也无法恢复昔日荣光。这是一个技术盛宴背后的商业故事，其中有商业智慧、企业精神，也有着人事纷争、命运机巧。

形势是从什么时候开始逆转的呢？ 从排行榜上看，第一次有中国品牌进入全球手机市场销量前 5 的情形是发生在 2011 年。中兴通信（ZTE）以 3.2% 的市场占有率成功击败了索爱、宏达电（HTC）、摩托罗拉和黑莓等品牌，排名第 5，华为则以 2.3% 的市场占有率排名第 8。就在此前一年的 2010 年，中兴通信以 1.9% 的市场占有率排名全球第 8，华为则以 1.5% 的市场占有率跻身前 10[①]。至此之后，中国品牌成为全

① 我爱研发网. 2011 全球手机销量排行出炉 中兴华为跻身前十 [EB/OL], 2012-02-17, http://www.52rd.com/S_TXT/2012_2/TXT33254.htm.

球手机市场销量 TOP10 榜单上的座上客。由此可见，2011 年，已然成为中国手机品牌的一个分水岭，是集体崛起也是分道扬镳，由此中国手机品牌将决战于手机业的“光明顶”。

2011 年缘何成为一个分水岭？ 中国手机品牌得以迅速成长的背后，有着什么样的商业逻辑？它们又做出了怎样的选择？

从代工到自主生产

1987 年，摩托罗拉生产出了真正的“手机”——能够用手拿着并在移动中进行通话的电话机，也就是后来被中国人称为大哥大的砖头机。

也正是在同一年，移动电话开始进入中国市场，来到中国用户手中。到了 1990 年底，中国移动电话用户达到了 1.83 万[①]。这样的消费者群体绝对是当时中国的高端人群——对商业信息有着敏锐的把握，要求自己的社会身份有着较高的辨识度，有着其强烈的展示财富欲望，当然也不乏暴发户们的炫耀。

① 艾媒网. 观察：从移动用户发展透视各地经济情况[EB/OL]，2010-04-16，https://www.iimedia.cn/c460/6582.html.

当时，杭州通信设备厂正面临生存的危机。毕业于北京邮电大学，当年46岁的厂长施继兴正是从中看到了商机：如果未来的大哥大市场销量能够达到50万部，那么就意味着100亿元人民币的收入；如果能够得到1/10的市场占有率，那么对于这个年产值3000万的小厂来说无疑就是天文数字。那时候，施继兴的梦想或许和马云的一样，要在杭州成就一番惊天伟业。

于是，施继兴开始马不停蹄地跑各种手续和考察。当时，他与3家公司进行了谈判，包括美国的摩托罗拉、瑞典的爱立信、日本的NEC。后来，基于生产线建设、生产成本等因素的考虑，杭州通信设备厂选择了与摩托罗拉达成合作。

在1991年6月，杭州通信设备厂组装出了第一批3000部手机，但是上面的标识是摩托罗拉，中国厂商只能以代工的方式切入手机制造领域。即使如此，现实并不是设想中的那般美好，刚刚生产出来的这3000块“砖头”竟然卖不出去，让施继兴一度苦不堪言。

机遇又突如其来。1991年下半年，中国手机市场的需求放量，施继兴的3000块“砖头”炙手可热，全国各地的邮电局排着队到杭州通信设备厂门口订购“大哥大”。由此，杭州通信设备厂得以迅速发展，在两年之内销售收入达到4亿元，跨入全国工业企业500强。

1996 年，当时的中国邮电工业总公司将其全资拥有的杭州通信设备厂全部资产整体改组为杭州通信有限责任公司（后改名为东方通信集团有限公司），并占股 99%。之后，东信集团独家发起股份制改组，成立东方通信股份有限公司，于 1996 年分别发行 10000 万股 B 股及 4000 万股 A 股，又于 2000 年增发 5800 万股 A 股，成为中国移动通信行业中规模最大的上市公司。

1997 年，东方通信建立了中国第一条手机生产线，同时在美国硅谷建立了手机研发基地。这样的战略布局，凸显出中国企业在技术创新上谋求与世界同步的野心，也体现出中国企业“走出去”的魄力。

如此坚实的基础，以及摩托罗拉的强大支撑，让东信开足马力实现了年产手机 150 多万台的规模，占据 1/6 的市场份额。但东信只能做 OEM（代工）的模式，150 万部手机上全部贴的是 Motolola（摩托罗拉）标志，这样的产能没有转化为东信的优势，在中国诸多行业的初创阶段都有过类似的经历。

2002 年，东信销售收入实现 105 亿元，并拥有 35.65 亿元的净资产。然而即使收入过百亿依然没有给东信带来利润，从 2002 年开始，东信首次出现亏损。东信年报显示，占其收入 70% 以上的移动通信系统设备毛利比 2001 年下降 3.1 亿元，

而且这样的亏损和业绩下滑一直延续到了次年的一季度，东信主营业务利润比去年同期下降28.77%。

业绩下滑中的东信，不得不面临腹背受敌的“威胁”。2002年，TCL和波导等国产手机厂商实现了全线飘红，其中普天系的波导更是实现了净利润2.16亿元人民币，同比飙升216.91%。而东信显然没能抓住国产手机井喷的机遇，仅占其收入30%的手机业务依然主要来源于公司对摩托罗拉手机的代理销售[①]。

图4-1 2003年东方通信集团举行大型宣传活动

这样的业绩最终让施继兴陷入了舆论旋涡。在2003年7月14日东信召开的第三届董事会第二次会议上，通过了关于施继兴不再担任东信公司副董事长及总经理的决议。年满61岁的施继兴由此黯然谢幕，他在《告别东信同仁》的文章中说：“面对国企改革，有时我们的付出会更多，必要时还要做

① 网易. 15年高速飞升后轰然倒地“囚徒”东信难言生死[EB/OL], 2003-11-03, http://biz.163.com/31103/8/06R519N300020QC3.html.

出局部牺牲。”

实际上，施继兴早在1998年就撰写了《东信怎么办？》一书，对国有企业改革提出了自己的思考。2001年，施继兴更是引进安达信，重组管理流程，解聘所有员工，并通过重新竞聘上岗的方式，压缩了16%的员工。但结果却是由于冲击了太多的既得利益者，所以阻碍重重，最终导致这次企业内部变革“出师未捷身先死”。

在施继兴离开东信之后，东信也尝试进行了一系列的改革，比如率先采用了“一企两制”的公司治理模式，大力引进海外人才，并通过ERP(企业资源计划)，对组织实现裂变，将公司内部产业链的第一段实行开放式虚拟运营，即它们作为独立的实体，要与外部公司平等地进行竞争。然而这些努力都未能终止东信业绩的下滑和企业的转型升级，最后只能惨淡收场。

施继兴在他撰写的相关文章中如此表述：“我突然告别工作岗位，留下了不少遗憾，其中较突出的是东信集团多元化的体制未能突破，经营局面（在工作）移交后未呈上升态势，新老交替没有做好充分准备……”当然，这已经是后话，杭州通信设备厂在施继兴带领的33年里，为中国通信事业留下了浓墨重彩的一笔。

实际上，在1999年之前，中国尚谈不到本土手机品牌，在行业内更是没有任何竞争力，外资品牌却已经完成在中国市场的“跑马圈地”。1994年，爱立信的GH337手机成为中国第一款GSM手机，到1998年以40%的份额占据中国市场第一；1997年，诺基亚推出内含贪吃蛇游戏的小型手机，开创了手机功能多样化的先河；1999年，摩托罗拉推出折叠手机，风靡中国市场。在此期间，80%的中国手机市场被这三大品牌占据，其他则被索尼、阿尔卡特、西门子、飞利浦等国外品牌瓜分。

与此同时，中国手机市场开始了几何级的增长。1990年底，当时的电子工业部大胆预测，到“八五”期末，即1995年底，中国的移动电话数量将达到50万。实际上，最终的结果是360万。后来电子工业部预测“九五”期末，也就是2000年底达到800万部，最终的结果是8000万部[①]。

手机市场在这样的高速增长中，凸显出中国人对移动通信工具的渴求，也凸显出中国社会经济发展对信息交流的需求达到了前所未有的高度。但是，即使中国手机市场如此具有爆发力，国产手机却一直处于“缺席”状态。一直到1999年1月，国务院办公厅颁发（1999）5号文件《关于加快移动通信产业

① 李祖鹏．手机改变未来［M］．北京：人民邮电出版社，2012：05.

发展的若干意见》，同年7月，中国电信集团公司分离出了中国移动后，中国通信行业的改革步伐才得以加快。

根据上述5号文件，信息产业部先后向37家企业发放了30张GSM手机生产许可证和19张CDMA手机生产许可证。37家企业中，有12家企业同时获取了GSM和CDMA牌照，除去摩托罗拉，其余11家企业包括科健、中兴、南方高科、波导、海尔、TCL、厦华等，由此开创了手机行业“战国”时代的竞争格局。

实际上，1998年科健就生产出了中国第一部国产GSM手机，此外东方通信生产出了东信EC528。中国制造的本土品牌手机开始轮番登场。

但是在2000年初，外资品牌就开始打响了对中国国产手机的“围剿战”：以50%的幅度进行大规模降价。其实，这主要是基于外资品牌在国际市场的竞争加剧，而中国无疑是最具成长性的市场。此外，价格战也是对刚刚起步的中国手机的一种打压。

为此，中国手机一开始就只能选择以低价抢占市场，因此竞争也就更加残酷。当时，康佳的3188手机上市定价为1888元，半年后就降到1388元；熊猫更是推出了999元的手机，将手机价格直线拉到了千元以下。

与此同时，TCL、夏新、波导、南方高科、联想、海尔等国产手机品牌开始迅速成长。到了 2006 年，日系手机在中国市场全线溃败，韩国的二线手机品牌也逐渐退出中国市场；到了 2010 年，中国市场在售的品牌约 200 个，其中国外品牌 12 个。同时，诺基亚销量 6000 万部，三星销量 4000 万部，合计占中国市场销量的 49.7%。联想、华为、天语、中兴等近 180 家国产手机品牌合计销量占比不到 10%[①]。

当年，中国移动电话用户为 8.59 亿户。如此庞大的市场，对于国产手机的未来而言，却仍然充满变数，前行的道路依然曲折。

2011 年的命运变局

2011 年，对于中国手机品牌而言是一个奇妙的年份。它带来了千载难逢的机遇和暗潮汹涌的危机。中国资本和手机产业链上的民营企业家，在这一年集中展现了他们的智慧和野心，在这个新兴产业上让世界刮目相看。

那时候，在中国市场占据重要份额的几大老牌海外手机巨

① 李祖鹏．手机改变未来［M］．北京：人民邮电出版社，2012：05.

头都面临市场疲软的情况。庞大的中国市场，本应该成为其翻身的契机，但欧美市场的下滑严重拖累了这些品牌的整体战略部署。于是在2011年，曾经稳居宝座的诺基亚、LG、摩托罗拉、黑莓、索爱等品牌纷纷出现了不同程度的份额下滑。

根据全球知名咨询及分析机构Gartner发布的数据显示①，诺基亚在错误战略的指导下，虽然在2011年全球销量的市场占比中仍居头把交椅，但是市场占有率已经从2010年的28.9%下滑至23.8%，严重下滑5.1个百分点。此外，LG则从7.1%的市场占有率下滑至4.9%。

与此同时，苹果、HTC、中兴通信、华为等迎来了一次全球占位和市场占有率提升的机会。其中苹果最为明显，从2010年以2.9%的市场占有率提升到5.0%，排位也从第五位提升到第三位。中兴通信则第一次以3.2%的市场占有率挤进前五的位置。由此，2011年成为中国国产手机品牌成长和崛起的标志之年，随后在全球TOP10榜单上成为常客。

此外，在中国手机市场，2011年全年总计销售2.54亿部手机，其中诺基亚以5800万部占据23%市场份额，位居第

① 我爱研发网. 2011全球手机销量排行出炉 中兴华为跻身前十［EB/OL］，2012-02-17，http://www.52rd.com/S_TXT/2012_2/TXT33254.htm.

一；三星、华为、中兴通信、联想紧随其后位列前五[①]。就此，李祖鹏在《手机改变未来》一书中如此结尾："2011 年，中国手机市场大局已定"。

也正是在 2011 年之后，全球手机市场格局开始出现更大变局。根据美国市场研究公司 IDC 发布的报告称，从 2013 年全年数据来看，全球智能手机总计出货超过 10 亿部，其中三星出货量位居首位，市场份额达到 31.3%，全年出货量实际增长 42.9%。苹果排名第二，市场份额为 15.3%，出货量实际增长 12.9%。其次分别是华为(4.9%)、LG(4.8%)和联想(4.5%)。

虽然诺基亚宣布，2013 年上市的诺基亚 105 手机，全球销量已经突破 2 亿部。但作为非智能手机的诺基亚，已经走上了被市场遗弃的道路。而此时的摩托罗拉，在经历 2011 年的分拆和被谷歌收购后，业绩不断下滑，尤其是 2012 年、2013 年谷歌分两次裁掉了摩托罗拉中国区 1400 名员工。谷歌指挥下的收缩战略很快体现在市场份额的变化上，2013 年摩托罗拉跌出前 5 席位，并出现高达 4.8 个百分点的市场份额缩水。

---

① 李祖鹏.《手机改变未来》，北京：人民邮电出版社，2012：05.

这样的市场变局，透露出的信息是曾经叱咤风云的巨头们都开始显示出疲态，中国年轻品牌“进击”的机会来了。蚕食这些巨头倒下的身躯，将滋养出新一代的手机行业霸主。

在这一机遇的背后，还有未来可能再也无法碰到的技术、商业和政策机会。整体而言，中国厂商的崛起是安卓（Android）联盟战略下，中国具有前瞻力的手机品牌快速布局的结果。从商业运作上来讲，国产手机厂商对本土市场政策和市场风向更敏感，如果简单将其分为低、中、高的商业策略，那么在低端策略中压准运营商补贴，在中端策略中与正在崛起的电商平台合作互联网营销，在高端策略中进入全球化竞争作出高端精品，都成了这一次中国手机品牌在 2011 年顺利翻身的契机。

如果用武侠世界的语言来形容，这就像是群雄围剿光明顶的一场大战。

如果将手机市场看作江湖，刀枪棍棒（硬件）有钱都能买到，但武功秘籍（软件、系统）却是各个门派的看家宝，不仅买不到，而且非嫡传弟子不能学。这种情况下，要想混出头，只有自己练就独门武功，自成一派。但这需要漫长的时间和大量的试错。毕竟江湖的山头不会空空等待。

在塞班时代，手握“塞班”秘籍的武林霸主诺基亚就独霸了整个市场。而其他几大门派虽然也有秘籍（例如 Windows phone、blackberry OS），可他们各自为阵，始终难以团结起来推翻诺基亚的统治。但随着时间推移，依赖一本塞班秘籍的这个霸主慢慢老去了，而它正闭关修炼的新武功（maemo）尚未出关。江湖弟兄们的机会来了！

这时候，谷歌拿着名为安卓、招招制敌塞班的新秘籍，振臂一呼“兄弟们团结起来，推翻塞班大山”。几乎不需要太大代价，全球的手机厂商都可以和谷歌结盟，获得自己品牌定制版的安卓智能机。

这一刻，全球所有的手机制造商都站到了同一个起点上，中国手机品牌曾经在塞班时代落下的距离也因此而不存在了。这是一轮新的竞争，全球市场的变局就此拉开。

整体来看，Garter 数据显示，2013 年第二季度，安卓系统全球市场占有率达到79%，总销量为1.77 亿部，而2012 年同期，该数据只有不到 60%，全球总销量仅为 8000 万部。同时，环比数据更能显示出安卓系统的快速增长，在 2013 第一季度，安卓系统市场份额为 74.4%，第三季度则达到了 81.9%[①]。

① 199IT 网. ZDC：2013－2014 年中国手机市场研究年度报告［EB/OL］，2014－03－22，http：//www.199it.com/archives/203469.html.

让中国厂商兴奋的是，这种快速增长背后有着中国市场的贡献。因为在全球功能机与智能手机换代的过程中，中国智能终端的需求爆发来得更为迅猛。艾媒咨询(iiMedia Research)数据显示，2012 年中国智能手机销量同比增速达到 130.7%①。易观国际的数据显示，2013 第一季度中国智能手机销量占整体手机销量的 83.1%。一般而言占比八成以后，数据很难再突破，但到了第三季度，该占比突破了九成。这意味着，中国智能手机对功能机的替代在加速②。

这时候，风口已然来临。“中华酷联”（中兴、华为、酷派和联想）为代表的中国厂商已经牢牢卡位在千元智能机市场，正以高性价比让中国消费者迅速淘汰功能机，转向使用智能手机。同时，小米、vivo、OPPO 这些靠互联网和线下渠道的中国厂商也开始崛起，他们捆绑在一起的市场占比在二成以上（2012 年数据）。

到了 2013 年，随着诺基亚、摩托罗拉、HTC 等品牌在欧

① 艾媒网. 2012 中国智能手机市场年度研究报告[EB/OL], 2013-03-06, https://www.iimedia.cn/c400/36504.html.

② UXRen 网. ZDC 发布：2013 年中国手机市场研究年度报告[EB/OL], 2014-01-29, https://uxren.cn/?p=251.

美市场的泥足深陷，其在中国市场的投放也难以为继，他们的让位使中国品牌有了冲刺的机会。以中兴、华为、酷派和联想为首的中国手机品牌，纷纷推出了“机海战术”。运营商柜台一时间摆满了数十款的国产 3G 新机，铺货量达到前所未有的高峰。无数二、三线城市的消费者第一次用上了便宜的智能手机。这些处于消费第二、第三梯队的消费者开始谈论充满技术性的话题，“你用的是什么智能处理内核？”“你手机摄像头是多少像素的、内存配置怎么样？”。他们惊奇地发现，那些国外品牌的智能手机平时需要数千元才能买到，而只要花少则七八百多则两三千元，就能在国产品牌旗下的机型里找到对应的配置终端。高性价比成为国产手机的代名词。

更为重要的是，这些涌向运营商柜台的消费者们发现，如果提前存入一年到两年的话费，他们就能免费将那些高性价比配置的手机带回家。他们还发现，就算是心中想好了要买一款国外品牌的昂贵手机，但走到运营商门店里，总会被门口长达数米、数十米的国产品牌柜台中琳琅满目的千元机所包围。便宜，谁不想占呢？

免费，就是这个时代新型的消费特征。为了抢占移动互联网时代的商业入口，并布局新的生态，很多企业或者运营商都选择了免费的方式，以博取消费者的青睐。尤其是以手机、电

视、路由器、机顶盒等为代表的智能家电领域的硬件，纷纷推出了免费的政策，期望打造出新型商业生态的闭环。这样的尝试，极大地推动了以智能手机为代表的新经济发展。

就在大量铺货和不断上新的国产机海洋中，国产旗舰四大霸主“中华酷联”，正式结成了人们心目中“性价比王者”的联盟。

与此同时，全国消费者还迎来了国产品牌手机广告的营销浪潮。瞄准巨大市场的机会，曾被“中华酷联”甩开的步步高旗下手机品牌 OPPO、vivo（合称 OV），在品牌营销“老炮儿”段卫平的主导下，开始主攻广告营销。通过铺天盖地的广告营销，“OV”像炸弹一样，Bang 地一声被投放到大众身边。除了传统的明星代言之外，体验式营销模式也吸引着消费者的眼球，那些蓝绿棚子，那些蓝绿 T 恤的营销人员，就像逛街时一定会出现、会路过、会偶遇的“标准化场景”，来到了消费者身边。

除了运营商和广告的轰炸，那些看上去剑走偏锋的互联网渠道品牌商，在 2013 年也祭出了可怕的招数。被称为“雷布斯”的雷军，用产品点燃了年轻消费者们的激情，“2012 年，我看到国内包括中国台湾地区的供应商们提供的产品性能越来越好，越来越接近国际水平。我当时就在想，我们有没有机会做一款非常好的千元机。”在 2013 年 7 月，为此后小米手机销量贡献半壁江山的红米手机发布。“为发烧而生”这句话第一次如此深刻地在年轻消费者的心中留下烙印。

这一年，小米主打性价比的手机销售十分火爆，共卖掉 1870 万台。如果参与过那时候的“抢购”，那么消费者或许再也不会对国产手机的“爆款”效应感到怀疑。尤其是以高校的学生以及公司年轻白领为主流的消费群体，熬出了熊猫眼，只为了凌晨准时开抢。苹果新款发布的盛况，其实在国产手机崛起的 2013 年，就被我们的 80 后、90 后经历过了。

图 4-2 各大商圈随处可见宽敞明亮的 vivo 手机专卖店

这一年，国际品牌商们第一次感受到中国手机品牌的可怕之处。这些中国品牌就像野草一样，拥有强大旺盛的生命力，一旦有一点雨露阳光、一旦国际厂商让出了一丁点儿泥土，这些野草就能疯狂蔓延，直到将原本站在花盆正中的花朵覆盖。只可惜，当这些国际品牌意识到时已经晚了，此时的他们已经

难以翻身。

那时候，距离雷军拿到高通等投资机构的9000万美元融资不到两年。经过2014年的第五轮融资之后，小米的估值达到了450亿美元，但小米在2015年全年的营收仅为125亿美元。2018年中国市值500强显示，截至12月29日，中国在全球上市的企业一共6961家，作为新进榜单的小米，以市值2560亿元排到了31名，成为最大的黑马。由此，在中国手机市场激烈的争夺中，小米成就了自己。

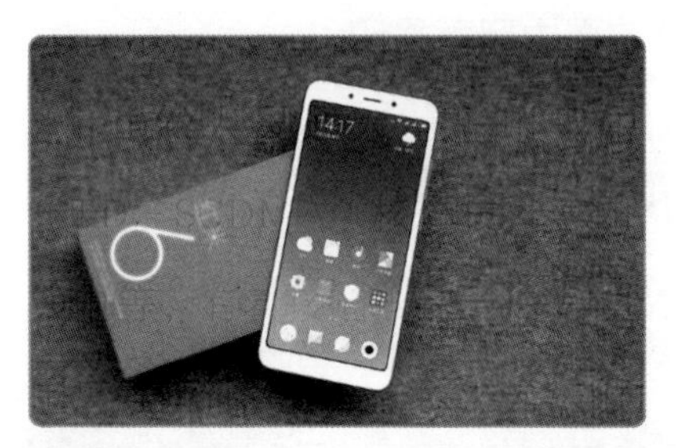

图4-3　2018年6月12日，小米推出手机红米6。

最终，到了2018年底，在全球手机销量排行榜上，除了三星、苹果稳居前两位之外，华为、小米、OPPO和vivo分别位列第3、4、5、6名。但是，三星和苹果手机同比分别出现8%、3.2%的下滑，而华为和小米则以超过30%的增长率表现出强劲的动力[1]。

① 搜狐网. 2018全球手机销量排行榜出炉三星苹果华为排前三［EB/OL］, 2019-02-06, http://www.sohu.com/a/293496052_165071.

抓紧运营商的品牌们

奥地利作家茨威格曾经在其著作《断头皇后》中用这样一句话评述法国皇后玛丽·安托瓦内特（Marie Antoinette）的一生："她那时候还太年轻，不知道所有命运的馈赠，早已暗中标好了价码。"

是的，对于曾经横扫中国市场的几大品牌而言，这句话也是同样惊心。

正如上文所说，巨头们的让位使得中国品牌赤膊相拼的时代到来，采用不同商业战略的厂商从这一年开始发生了命运的转折。可以说，回忆 2011 -2013 年时这些本土品牌的选择，或许能够看到今天中国手机市场排位变化的原因。当年商业战略的选择，在冥冥中预示了其未来的方向。以联想为代表，"中华酷联"的命运让人不得不仔细回顾。

2012 年，为了快速推进 3G 网络的普及和发展，三大运营商相继推出更为"激进"的补贴政策，并以智能手机的合约机形式争夺 3G 市场。低端手机市场成为大额补贴政策的最大受益者，这块市场也正是中国品牌商聚集的战场。在此背景下，"中华酷联"这几大在运营商市场深耕的中国厂商，其市场份

额得以快速上升。

在“中华酷联”的鼎盛时期，赢家之一——联想是如何崛起的？ 在 PC 业务下滑后，2010 年联想集团开始布局移动互联网板块，在手机领域，公司推出智能手机产品乐 phone。这款手机被联想寄予厚望，杨元庆曾放话：“乐 Phone 卖不过 iPhone，就是失败！”彼时的售卖，联想正是通过与中国联通的合作，借运营商的渠道进行布货和推广。但是，这种合作并没有让乐 phone 完成集团给它制定的目标，最终只售出数十万部。

当时乐 phone 的市场定价接近 3000 元，而运营商渠道正被大量千元低端机充斥着。运营商渠道意味着低价走量，接近 3000 元的价格不仅要留给市场花时间来消化、认识产品，甚至重构品牌价值，而且还得给运营商足够的激励让其帮助推销。但显然，联想和联通的战略合作里，忽视了这一点。

对于运营商而言，其与厂商们的合作，旨在借力手机终端与自身业务绑定来获得市场，即卖出一台手机收获一个用户。在此逻辑下，运营商从 2005 年开始持续提供对手机终端的补贴，让消费者可以买得起终端机，用得上自家的电信服务。也是因为这一商业逻辑，稍微降价就能扩大用户的千元机才是运营商所爱。

对于中国手机厂商而言，主要是拟借用运营商广大的渠道、门店进行销售。当时运营商渠道占到了整个市场渠道的 5

成，大部分靠硬件起家但没有自己销售网点的手机厂商无法放弃和运营商的合作。为了寻求合作机会，手机厂商又不得不降低配置、降低定价，不得不被捆绑在千元机的市场。

对于乐 phone 的出师不利，联想很快做了复盘，并改变了策略。回头来看，时任联想移动互联和数字家庭业务集团(MIDH)总裁的刘军认识到了问题所在，但他没有看得更远——刘军放弃了与苹果争夺高端市场，既然运营商渠道高价卖不好，那就和其他国产品牌一样把目光聚焦在低价机、千元机市场。

刘军运气也很好，在着力低端市场后，联想就遇到了低端机千载难逢的好时候。2012 年，中国三大运营商为了推广 3G 服务， 给予了 3G 手机高额补贴。一家比一家来得“大方”。大量消费者涌入营业网点，在千元机的柜台前徘徊。这时候刘军主导下的联想“机海”战略奏效了。在中兴通信柜台上只有几款手机，还是之前就上市的型号，回过头就能看到联想柜台数十款售价低廉的产品等着消费者，其中好几款还是最新上市。一时间，联想以庞大的产品线和低廉的产品价格快速席卷低端智能机市场。联想的低端手机产品在这一波补贴中被“卖到断货”，当年以 5000 万部智能手机的年销量，奠定了它手机市场的江湖地位。此外据国际市场研究机构 IDC 发布的数据显示，这一年联想手机全年销量达到 4500 多万台，位列全球第五，在中国市场排名第二[1]，仅次于华为。

可是，联想的手机业务后来也是命运多舛，跌宕起伏，显示出了联想在行业竞争和内部管理上存在着诸多的不确定性。当时，大获全胜的联想并没有意识到暗潮已经袭来。在运营商业务的高歌猛进下，联想移动板块负责开放市场（注：与运营商业务平行）的曾国璋被边缘化，他在 2010 年到 2012 年间与京东曾做过不错的互联网营销试水，也取得了不错的成绩，但因为这种边缘化，互联网渠道的合作断档。

同时，正是上述运营商战略的大获全胜，联想领导层加大了对这一战略的重视，负责开放市场的曾国璋被调去给负责运营商业务的冯幸做副手，原本平起平坐的两人，变成了一人在上，一人在下。曾国璋以及相关条线的人员显然对于这种人事安排不太满意，于是也就有了后来诸多媒体报道的“联想内斗”。原本曾国璋规划的一款战略产品也被卷入了这场人事内耗中，错过了为联想在开放市场建立渠道、品牌、争取份额的机会。同时也因为这场内部斗争，开放市场成为在边缘独行的孤儿。

---

① 腾讯网. IDC：2013 年全球智能手机出货量首超 10 亿部［EB/OL］, 2014-01-28, http：//tech. qq. com/a/20140128/016290. htm.

俗话说靠山山倒、靠人人跑，靠自己才是王道。

谁也没想到运营商的补贴来得快去得也快，来得猛烈去得也更猛烈。2013 年年末，运营商开始收缩补贴，2014 年国资委向移动、电信、联通下发通知，要求三大运营商在 3 年内连续削减营销费用，降幅达 20% 。至此，与运营商深度捆绑的手机厂商来到了进退维谷的绝境。这类深度捆绑，指的正是运营商渠道占据整体销量达到七八成的中兴通信、联想。

2014 年，尚未站住脚跟的联想手机市场份额跌出前 5。海量的千元机面临的着来自中兴、酷派、华为、小米、vivo 的竞争，整体市场又因为运营商补贴缩水而收缩，其产品线“打架”的情况愈发激烈。联想此时显然是想调整战略的，但无论是收缩低端还是布局高端，它在 2013 年前后投资的高达数十条互相交叉的产品线和业务系统中的顶层设计都难以在短时间内理清。

虽然当年联想集团宣布，原“移动互联和数字家庭”集团(MIDH)组织架构将做大调整，并将更名为移动业务集团(MBG)，但随着人事调整再度开启，频繁地换人、换战略不仅没有挽救什么，反而让联想手机业务下滑得更加迅速。2015 年，刘军卸任 MBG 负责人。

回顾 2014 年，运营商战略开始出现危机，联想手机有着

千万种可以自救的方法。但它并没有在这时候做对什么。前文提到过联想一直有着复盘的传统，但是当下滑开始后，虽然复盘照常进行，但复盘的效果却没有了。

《财经天下》周刊所做的专题报道《华为联想手机风云》一文中如此描述："大家说问题都泛泛而谈，难以得出结论。比如手机屏幕采购，使用第二货源出了问题，虽然有过总结，有过学习，就是没有改进。过了 3 个月，过了 6 个月，仍然没有改进。"

此外，《财经天下》引用了一位联想内部人士的话，对联想手机战略的败退如此评价："造成如此结果，与刘军的管理方式有关。一旦出现问题，刘军一般会问：'告诉我，这是谁的原因？'却没有想着一起追求结果，赶紧把问题给解决掉。他不会说，'谁给我牵头解决掉这个问题。'联想高层经常评审中国区业务，手机业务历经一年多的下滑，每看一次都比上一次差一截，却没让更高层有所行动，也没有给出最后改正时间。MBG 一片混乱，全然找不到老柳（柳传志）管理三要素哪怕一丝影子。"

2016 年，联想董事长兼 CEO 杨元庆接受《中国经营报》的采访时，对联想手机在市场上的节节败退坦言："我们没有很好的、能够打动用户的产品。过去中国的手机产业就是运营商主导，去年以前联想大约有80% ~90%的手机业务依赖这个渠道，我们做不了精品。三个运营商三个制式，每一个都要求定制，而且都是低端产品。这个渠道的成功反倒害了我们，因为我们的客户不是最终用户，而是运营商，我们考虑的就是满足运营商定制的要求，让他们满意。当时通过运营商渠道销售得很好，我们也就心安理得了，不觉得需要花心思在用户身上和产品上，这是完全错误的。现在回过头来痛定思痛，就是觉得要用匠心精神把产品做好。”

2018 年，联想在北京举办了一场发布会，宣布 lenovo 品牌重回手机市场，并一口气发布了三款手机。至于联想手机能否回到 2013 年销量前 5 的巅峰，笔者没有听到太多乐观的展望，至少在全国手机销量排名榜的前 10 名中再也没有看到联想的名字。与此同时，中兴通信、酷派也在这短短几年里，和联想一起，从消费者的主选梯队中慢慢谢幕退去。

差异化路线的王者们

笔者在一次采访戴姆勒集团高管时与其聊到了中国制造业，当时一位高管引用并延展了华为任正非的话：中国企业家能在盐碱地里种出花来。

2013 年末是“中华酷联”这 4 家巨头的分水岭。在运营商的补贴退潮后，曾经深度捆绑运营商的中兴、酷派和联想都受到了冲击，只有提前布局开放市场走精品高端路线的华为，推出面向年轻人群的新品牌荣耀后，将销量曲线图生生掰出了一个向上的曲线。和华为一样，小米采用了差异化布局的互联网策略、OV 发展了线下渠道策略，在这一年后恰好可以看到采用不同策略的各方命运的风光和落寞、成长和衰颓。

和联想的刘军同年，同为国产手机领军人物的华为消费者业务 CEO 余承东，其人生轨迹和刘军截然不同。这两人差不多是同时开始负责本公司智能手机业务的，各自身后都站着教父级别的商业巨擘。刘军身后的柳传志，生于 1944 年，在北京创立了后来成为世界 500 强的联想集团。余承东身后的任正非，同样生于 1944 年，在深圳创办了华为公司，同样进入世界 500 强。但在联想手机衰颓的时候，余承东却在华为带着核心的无线业务冲至全球第一。TMT 圈[①]很喜欢将这二人拿来比较，他们也酷爱引用一句纸媒的评价来描述这一北一南两位大

① TMT（Technology，Media，Telecom）. 是科技、媒体和通信 3 个英文单词的首字母，整合在一起。含义实际是未来（互联网）科技、媒体和通信，包括信息技术这样一个融合趋势所产生的大的背景，这就是 TMT 产业。

佬、两大公司的命运，这是“两种文化，遇上最新商业机会，展示出不同的活力，划出不同运行轨迹，孕育出不同果实”。

2013 年，“中华酷联”正在加深和运营商合作的同期，对于早将眼睛看向别处的华为来说，其中高端路线终于出现了曙光。实际上，一直以来余承东就认为华为手机业务战略应该走中高端精品路线。一方面，军人出身的任正非在企业经营中有从未退去的严重危机感，因而投入了很大一部分资金和精力防止技术上出现受制于人的局面。早在 2004 年 10 月，华为就宣布成立单独的芯片部门——海思半导体有限公司，前身是创建于 1991 年的华为集成电路设计中心。此后也一直在推动自身的芯片技术研发，几乎隔几年就会有新的迭代。这意味着华为在长期大额投入技术研发，这让它难以在利润微薄、价格竞争激烈的中低端手机市场生存下来。另一方面，技术优势是量变到质变的过程，一旦在技术上赶超竞争者，在缺乏核心竞争力的国产手机品牌中，华为就将拥有最为耀眼的核心竞争力，成为群雄逐鹿中最快的一匹黑马。

事实也是如此，就在 2014 年，华为给其处理器正式更名为“麒麟”，此后基本每年迭代升级。麒麟 910 从 K3V2 的 40 纳米变成28 纳米，同年再升级推出全球首款 LTE CAT. 6 的芯片麒麟 920，这缩小了与行业领先水平的差距。随着华为搭载麒麟 925 处理器的“爆款”高端手机 Mate 7 的推出，让华为在定价 3000 元以上的手机市场大获全胜，700 万台的销量，成为华为成功站稳高端市场的战略产品。

图 4－4　2018 年 3 月华为推出型号为 P20 PRO 的手机，其搭载处理器为麒麟 970。

华为自研芯片的大获成功让不少国产手机品牌开始重视芯片战略。但这条路凶险异常，我们再来看另一家现在的国产手机龙头品牌小米。

如果去翻看小米自己的编年史，会诧异地发现没有 2013 年的记录。这一年，市场普遍认为小米因为芯片问题与其供应商高通展开博弈，导致小米的产品延缓发售。

具体来看，在小米切入市场时，依靠高通的高性能芯片成功走起了“发烧友”路线，但当其向下寻找更具性价比的中低端市场时，高通的芯片价格显然掣肘了小米的产品线布局。在 2013 年推出红米时，小米公司转向采用了联发科的处理器，这也是小米首次使用高通以外的处理器产品。如果这时候高通还没意识到小伙伴的“二心”，那么当小米手机 3 背后的英伟达出场时，高通再怎么也能看出“雷布斯”有着“去高通化”的想法了。媒体很快也捕捉到了小米和高通的“嫌隙”——小米手机 3 发布后，高通副总裁兼风险投资中国区总经理沈劲只谈电视不说手机，与小米手机 2 发布时的卖力帮衬反差明显。与此同时，小米的计划也公开了，2013 年 12 月芯片研发项目启动。不过，在小米投入大量资金和时间后，2018 年自研芯片澎湃系列却并不“澎湃”。S1 缺乏竞争力，S2 的期待值和推出时间都在向后推。曾经为发烧而生的发烧友惊呼，小米被华为带到了坑里。

但从另一方面来看，小米之所以选择华为的自研芯片路线，还出于其弥补自身靠商业策略发家的一些短板的需要。小米的手机部件均为第三方提供，缺乏技术优势。“互联网 + 线下渠道 + 情怀”或广告营销模式非常容易被复制，而一旦被复制，这条赛道将挤满“运动员”。显然，一度被追捧的锤子手机、曾经火过的乐视手机，都是用同一种“套路”分流小米市场的好兄弟。

步步高系的 OPPO、vivo 被称为蓝绿大厂。上文说到他们的崛起在于体验式广告营销的猛烈。换一句话说，蓝绿大厂更像是钱砸出来的龙头。不过，值得注意的是，蓝绿大厂还有一条让人惊叹的战略路径，让其显得和小米、和华为分外不同。

这就是段永平特有的“农村包围城市”战略。相比柳传志、任正非，段永平在步步高时代就莫名的接地气。就像上文提及的逢年过节、逛街买菜都能碰到蓝绿棚子的唱跳推销一样，OV 的线下经销商销售模式具有中国本土市场特有的“泥土感”。这种经销商模式的核心在于让利给渠道，配套广告轰炸，广泛发展全国经销商，保证消费者看到广告的同时，出门就能看到卖产品的门店，形成品牌包围。在互联网覆盖度相对较低的三、四线城市，OV 大获全胜。这种商业逻辑和营销模式也被推广到海外欠发达国家的市场。

在国产品牌的深耕细作之下，中国手机市场排名得以重新洗牌。国际市场研究机构 IDC 的统计数据显示，2018 年中国智能手机品牌销量排行榜上，前 10 名依次是 OPPO、vivo、荣耀、小米、华为、苹果、魅族、三星、锤子、360。其中 OPPO 市场占有率高达 19.8%，同时拥有荣耀品牌的华为，则以总计 26.4% 的市场占有率成为最大的赢家。此外除了苹果和三星之外，国外其他品牌再也难以挤进前十。

但另一方面，从 2018 年中国智能手机销售额排名来看，苹果以 3632 万部手机销量，315.9 亿元的销售额稳居排名第一。显然，国产手机仍是以量取胜，在创造价值这一指标上，仍与苹果存在一定的差距。

回头来看，走差异化路线的这些国产品牌龙头们，无论是华为、小米，还是 OPPO 和 vivo，无不是在盐碱地上耕耘出自己的天地。芯片战略、农村战略、体验式营销，都很艰难，但在全球充分竞争的手机市场中崛起从来都不是容易的。“中国企业家能在盐碱地里种出花来”，无疑是对这些选择走差异化路线的国产手机厂商的最高赞誉。

HANDSET 05

HANDSET 05

小灵通：
夹缝里的生存

今年（2019 年）60 岁的吴鹰，他那曾经浓密、乌黑的大胡子，如今已经显得多少有些稀疏和泛白。吴鹰更多的时候是出现在各种论坛上，他现在的身份是投资人。时间真是过得太快，或许很多人已经忘却了吴鹰当年的风采——从 1998 年开始，在长达十余年的时间里，作为“小灵通之父”的吴鹰，不仅在资本市场呼风唤雨，更是搅动着中国的通信市场，他带着小灵通为通信行业留下浓墨重彩的一笔。

小灵通，是著名作家叶永烈的童话故事《小灵通漫游未来》里主人公的名字，后来授权给吴鹰，用于命名他所打造的 UT 斯达康旗下的这款通信产品。

按照通信业给小灵通（低功率移动电话）的定义，其简称为 PHS（Personal Handy-phone System），是一种个人手持式无线电话系统。小灵通采用微蜂窝技术，通过微蜂窝基站实现无线覆盖，将用户端（即无线市话手机）以无线的方式接入本地电话网，使传统意义上的固定电话不再固定在某个位置，可在无线网络覆盖范围内自由移动使用，随时随地接听、拨打本地和国内、国际电话，是市话的有效延伸和补充。因此，通俗来说，小灵通就是一部可移动拨打的座机，只不过不用局限在客厅或是办公桌上，而且不用电话线牵着。

对于 PHS 技术，从一开始通信行业就不看好，认为这只是一种 2G 时代的产物，因此日本当时认为这属于将被淘汰的技术，已经放弃了该技术的应用和发展。从 2001 年开始，随着中国 CDMA 网络的开通，通信业的酣战才刚刚开始。因此，嫁接到固定电话网上的 PHS 无线市话无疑是在夹缝中生存。但吴鹰的这场豪赌赌赢了，小灵通在中国市场生存的时间长达 10 年，其用户最高峰时达到了 1 亿人。

最终，小灵通于 2011 年 1 月 1 日起正式退市，为通信新宠 3G 让路。其实早在 2007 年 6 月，UT 斯达康董事会就解除了吴鹰的总裁职务。这标志着 UT 斯达康对小灵通的态度发生转变，作为小灵通之父的吴鹰也就此黯然离场。

如今，我们回看小灵通的生命周期，或许一开始在夹缝中的它就注定了无法逃脱被淘汰的宿命。小灵通与大哥大的命运轨迹极其相似，但又有着不同：后者是通信技术的先驱性产品，推动着行业的发展和产品的更迭换代；而小灵通则是基于企业家对技术和市场的一种敏锐把握，在夹缝中看到生意的机会，却无法实现技术和产品迅速地升级换代，因此这个赌局的成功也必然是短暂的。

豪赌小灵通

关于吴鹰的创业，媒体都曾津津乐道地报道过吴鹰当年30美元闯美国的故事。1982年，毕业于北京工业大学无线电通信专业的吴鹰留校任助教。3年之后，吴鹰赴美国新泽西州理工学院攻读硕士。当时，吴鹰上飞机的时候身上只有30美元（因为当时出国时只能换到30美元的外汇）。在飞机上，他先是花了1美元买了杯啤酒，然后在美国机场为非洲饥荒的难民献了2美元的爱心。最后，他用那剩下的27美元来到新泽西州开始了打工、留学生活。好在女友就在美国，两人又花了60美分在中国领事馆办理了结婚登记。新婚第三天，吴鹰就开始外出打工，从最苦最累的搬运工到餐馆的洗碗工他都干过。

由此，吴鹰开始了他在美国的闯荡生涯，至今看来这也是一个非常励志的故事。

"入学前，我经过考试得到了一份助教工作。当时报考的学生很多，而名额只有一个。主持这项考试的负责人据说年轻

时曾在朝鲜战场上做过中国人的俘虏，当我报考时很多朋友都觉得我不可能成功。考试虽然比较有难度，但我还是得到了这份工作，而且同那位教授关系一直处得很好。”吴鹰后来接受媒体采访时回忆道。

1989 年，吴鹰在纽约街头与后来担任 UT 首席技术官的黄晓庆相逢，这次邂逅成了吴鹰人生中值得浓墨重彩去勾勒的标志性事件。

后来，吴鹰进入了著名的贝尔电话实验室。创办于 1925 年 1 月 1 日的贝尔电话实验室，是晶体管、激光器、太阳能电池、发光二极管、数字交换机、通信卫星、电子数字计算机、蜂窝移动通信设备、长途电视传送、仿真语言、有声电影、立体声录音，以及通信网等许多重大发明的诞生地。自该实验室创办以来，共获得 25000 多项专利。因此，贝尔电话实验室是无数年轻人梦寐以求的科研圣地，就连当初手机的发明者库帕也曾被拒绝过。因此，对于有幸进入贝尔电话实验室的吴鹰来说，这无疑是一个绝好的机会，当时该实验室有 7 名诺贝尔奖获得者，而且良好的科研风气对他影响很大。吴鹰潜心于纯科学研究，视野更加开阔，并选定多媒体作为研究方向。

在 1991 年，吴鹰与他人在新泽西州创办了 Starcom Networks 公司。与此同时，在美国加利福尼亚留学的中国台湾人陆弘亮和朋友薛蛮子在北京创立了 Unitech Telecom，正集中精力开发中国电信市场。但是一直到 1994 年 2 月，黄晓庆才从贝尔电话实验室离开，然后一头扎进陆弘亮的 Unitech Telecom，并最终在黄晓庆的介绍下，吴鹰、薛村禾、陆弘亮才得以有机会在酒桌上把酒痛饮，几个人更是相见恨晚。也正是因为这一场聚会，陆弘亮与吴鹰最终决定将大部分业务放在国内市场。两家背景相近、性质相似，又各有优势的公司，终于在 1995 年合二为一成立 UT 斯达康公司。

在这个新组建的公司里，陆弘亮担任新公司总裁，吴鹰担任副董事长兼中国公司总裁。就在当年，声名赫赫的日本软银（SoftBank）总裁孙正义因极其看好小灵通在中国的发展前景，向 UT 斯达康大量投资，并成为公司董事长。有媒体报道，当时吴鹰和孙正义谈了 6 分钟，最后获得了 6000 万美元的投资。从此，在这“三驾马车”的拉动下，UT 斯达康迅速发展。

实际上，在国内看好小灵通的不仅是吴鹰团队。在李祖鹏所撰写的《手机改变未来》一书里，作者记录了这样的一个小故事：在 1996 年，时任浙江省余杭市（现为余杭区）邮电局局长的徐福新，去日本考察时偶然发现了 PHS 技术（小灵通）的可用性，并迅速回国搞出了小灵通。当时的徐福新，曾密切接触过多家国际通信巨头，力图合作开发，奈何对方均以小灵通技术落后为由，拒绝合作，其中华为、爱立信对此曾认真做过专项研究，但最终还是放弃了。

即使是已经开始应用 PHS 技术的日本，市场前景仍是一片黯淡。1995 年，最初在日本由 3 家电信运营商来运作 PHS 技术，包括 NTT Personal、DDI Pocket 和 ASTEL。然而，在服务推出不久后，由于用户人群的原因，该技术被称为“穷人的蜂窝（电话技术）”，而在日本大受限制，市场占有率也逐渐下降。之后 NTT Personal 被 NTT DoCoMo 合并。即使如此，小灵通业务并未给公司带来业绩的增长，在 2004 年，NTT DoCoMo 决定于 2007 年结束 PHS 服务。ASTEL 公司的小灵通业务最后也只有几个区域公司经营，其他分公司已经终止小灵通业务了。

但是回到中国的吴鹰，正是看到这些国际巨头的缺席，才坚定了发展小灵通的决心。在 1998 年，吴鹰斥资数千万发展小灵通业务，并最终一炮打响。

1998 年 1 月，浙江省余杭市正式开通小灵通，实行单向收费，月租费 20 元，资费每分钟 0.2 元，标志着小灵通正式进入中国市场。这样的资费，显然要比当时的移动手机接听和拨打每分钟0.6元要便宜得多。

2000年6月，原信息产业部下发通知，将小灵通定位为“固定电话的补充和延伸”，这标志着限制小灵通发展的政策有所松动。

图5－1 2003年上海开始逐步开通小灵通业务，月租费30元。

2002年，小灵通业务在京、沪之外的地区全面解禁。由此，吴鹰和小灵通给当时的中国通信行业带来了巨大冲击，将一个全球都认为不可能的事情变成了可能并且获得了成功。

小灵通在中国市场的成功，主要源于老百姓对技术的先进与否和专家的理解不同，他们认为适合自己的就是好的。在当时，用手机上网冲浪对于大多数消费者而言还是一件奢侈的事情，因此3G再先进还不如打小灵通。一通电话省四五毛钱，而且在市区范围内小灵通可以移动通话。在小灵通被取消之前，新浪曾做过的一项调查，结果显示超过70%的小灵通用户愿意继续使用这样的“落后”技术，这个数据显示了小灵通仍

具有深厚的市场基础和生存土壤[1]。

因此，尽管小灵通在用户快速行进时，比如在行驶中的公交车上，就会出现信号较差、功能受限、使用范围小等缺陷，尤其在城市中因为基站较少而存在诸多盲区，因此用户体验并不好。但小灵通用户当时却日益增多，这其中缘由主要建立在它独有的优势上——辐射小、待机时间长，更重要的是与当时手机双向每分钟 0.6 元的价格相比，小灵通话费低廉而且是单向收费，月租 20 多元甚至个别地方没有月租。

正是基于这样的认识——与其说是对通信市场敏锐的判断，不如说是对中国国情和老百姓消费理念的准确把握，吴鹰在小灵通上的一场豪赌最终获得了成功。

2000 年 3 月 3 日，UT 斯达康在美国纳斯达克成功上市。登陆当天，UT 斯达康股价最高拉升至每股 73 美元，涨幅达 278%，公司市值高达 70 多亿美元[2]。这样的创富神话，让后

① 电子工程世界网. 小灵通退市千亿投资谁埋单：硬件无法再利用 [EB/OL]，2009 - 02 - 25，http：//www.eeworld.com.cn/qrs/2009/0225/article_1123_2.html.

② 搜狐. 悲情吴鹰谢幕UT斯达康 一个资本力量下的牺牲品，2007 - 06 - 26，http：//it.sohu.com/20070626/n250768904.shtml.

来的中国互联网概念企业前赴后继，将登陆纳斯达克作为企业发展的顶峰。

从神坛跌落

UT 斯达康在美国纳斯达克的成功上市，让中国诸多企业将吴鹰视为行业的标杆，各种光环接踵而来。那时的吴鹰，与如今的马云、马化腾、刘强东这些大佬们并无二致，各种名人派对、财富论坛上总能见到吴鹰的标志性大胡子和高大身影。

2002 年，美国《商业周刊》评定 UT 斯达康为全球 IT100 强，是全球成长最快公司之一；2003 年，美国《时代周刊》更是将吴鹰与 eBay 创始人梅格・惠特曼（Meg Whitman）、谷歌全球副总裁奥米德・科尔德斯塔尼（Omid Kordestani）、戴尔公司总裁兼首席运营官凯文・罗林斯（Kevin Rollins）、搜狐总裁张朝阳等 14 人一道给予了隆重的特别报道。

在这期名为“Tech survivors”的重磅推介中，《时代周刊》对吴鹰在小灵通技术和市场的开发上大加赞赏：“吴鹰于 1998 年在中国推出小灵通业务时，估计谁也不会想到，截至 2003 年，其用户能够突破 1800 万。更为离奇的是，这种技术早在 20 世纪 90 年代初就已经在日本问世，而吴鹰愣是凭借他

新泽西理工学院的电子工程学位，重新定义了小灵通概念，并以此说服了中国信息产业部的官员，让他们相信小灵通是固定通信业务的延伸和补充，并将该技术卖给了中国的两家固网运营商——中国电信和中国网通，而这两家公司当时也正踌躇于没有移动运营许可证而扼腕叹息中，合作自然水到渠成。”

《时代周刊》援引某位咨询师的观点，耐人寻味地披露：“吴鹰最奇妙的地方在于，他总是能够将不可能的东西变得合理合法。”

当时的小灵通发展迅猛，几乎每年都在刷新纪录。截至2004年3月底，中国大陆小灵通用户总数已突破4700万，覆盖了全国31个省、市、自治区，355个城市。全国小灵通网络容量达到6700万。

截至2006年8月底，中国大陆小灵通用户达到9300万；海外小灵通用户超过700万；全球范围内的小灵通用户已经突破一亿。

到2006年10月，中国大陆小灵通用户达到历史顶峰，9341万户[①]。

① 百度百科. 小灵通［EB/OL］，2019－03－13，https：//baike. baidu. com/item/%E5%B0%8F%E7%81%B5%E9%80%9A/94341？fr = aladdin.

但是如作家唐弢在回忆鲁迅的一篇文章《琐忆》中所写："一切都在意料之中，一切又都出于意料之外。" 2007 年 6 月，UT 斯达康董事会突然宣布解除吴鹰的总裁职务，这标志着 UT 斯达康对小灵通的态度发生转变。

在抵达峰顶之后的小灵通，开始以高山滑雪的速度跌落下来。UT 斯达康的官方数字显示，2004 年公司净利润仅为 7340 万美元；2005 年，公司净亏损高达 4.62 亿美元。其中，小灵通设备收入从 2004 年的 14 亿美元下降到 9 亿美元，这一下降使得其中国市场收入在 UT 斯达康的占比从 79% 下降到 32%。这样的亏损，甚至导致 UT 斯达康无法按时公布其 2005 年财报，并一度受到摘牌警告。

此后的 UT 斯达康即使一直努力并期望改变局面，但却始终无法走出亏损的泥沼，在 2006 年仅上半年净亏损就已突破 3210 万美元。2008 年财报显示，公司全年净亏高达 1.503 亿美元，并已连续 4 年多未走出亏损困局。为了渡过难关，UT 斯达康不得不裁员一半以上，并将主要业务押在交互式网络电视 IPTV 上面。

这样的业绩或许正是吴鹰被解职的原因。作为"小灵通之父"的吴鹰，在打拼 10 余年之后，从 UT 斯达康得到的最后一份"礼物"则是 12 个月的薪水再加上当年所有的奖金。

此后，UT 斯达康的命运持续滑落。尤其是 2013 年公司股价因为低于 1 美元一度无法上市。一直到当年 4 月份，因 UT 斯达康的普通股最终连续 11 个交易日达到 1.00 美元的最低要求才得以重新挂牌。

如今吴鹰已经转型为一个投资人。这样的选择，或许基于他对马云曾经的帮助。坊间传闻，1998 年马云想让孙正义投资阿里巴巴时，马云之前已经有一个做电子商务的人获得了孙正义口头给他投资 2800 万美元的承诺，吴鹰对此也很认可。但听完马云讲完，吴鹰觉得马云说得更好，就把自己那一票投给了马云，马云也因此得到了孙正义 2000 万美元的投资。某种意义上说，吴鹰就是马云的贵人，但真正成就马云的是吴鹰对马云这样一个企业家、对阿里巴巴商业模式未来潜力的看好，以及敏锐的判断力。

在 2015 年，上海斐讯数据通信技术有限公司以 7500 万美元，收购了 UT 斯达康超过 30% 的股权。2019 年 2 月 11 日，通鼎互联（002491.SZ）公告称公司拟收购 UT 斯达康 26.05% 的股权，交易作价 4922 万美元。收购完成后，通鼎互联将成为 UT 斯达康第一大股东，取得对 UT 斯达康的控制权。在屡次被转手和收购的命运中，小灵通被彻底遗忘在了 UT 斯达康的角落里。

小灵通退市

小灵通的命运，注定会走到头，只是没有想到会来得那么快。

在2009年2月3日，工业和信息化部发文表示，明确要求所有1900MHz到1920MHz（Mega Hertz，MHz兆赫是波动频率单位之一）频段无线接入系统，必须在2011年底前完成清频退网工作，以确保不对建设中的3G移动通信标准之一的TD－SCDMA系统产生干扰。上面的频段，正好是小灵通所在频段，也和TD－SCDMA所占用的频道比较接近。因此中国电信、中国联通接到工业和信息化部相关文件后，承诺在2011年前将妥善完成小灵通退市的相关工作。在2010年，小灵通最终确认将于2011年1月1日起正式退市，为通信新宠3G让路。

但是，各地的执行情况不一，其中北京联通直到2014年11月13日才发出《关于终止小灵通服务的业务公告》，表示2014年12月31日24时终止小灵通服务。随后，北京地区部分小灵通用户多次向北京联通投诉并与之协商，但最终双方未能就终止服务后的相关补偿问题达成一致意见，以至引发了多

起法律纠纷。

毋庸置疑的是，小灵通必然要退出通信市场。

至于小灵通退市的原因，《IT 时代周刊》早在 2009 年 1 月份的报道《中国移动逼宫竞争对手之心昭然若揭，小灵通频段立马让位 TD 有困难》一文中就写道："这是中国移动'逼宫'的结果，小灵通一出生便是中国移动及联通的竞争对手，因为其低廉的资费，而遭到对方的反对。"

因此，为了推动 3G 业务的发展，中国移动终于借"TD 频段不够用，要收回被小灵通所占用的 TD 频段"之名逼宫成功，也是对中国电信、中国联通两大竞争对手的"打击"。因此，从这一层面上讲，小灵通成为几大移动通信运营商利益博弈的产物，也成为最终的牺牲品。

但是关键的原因，还在于技术问题。相对 3G 移动通信强大的信号覆盖以及上网功能，小灵通只能在有限的范围内打打电话，发发短信，并且还不能漫游，通话质量一直未能得到有效保证，尤其是无法实现上网功能等，这样的掣肘必然会使小灵通退出市场。

此外，在 2010 年 5 月 24 日，工业和信息化部、国家发改委联合下发《关于调整移动本地电话业务资费管理方式的通知》（征求意见稿），以此推动移动手机的单项收费以及资费下调，这就使得小灵通业务原有的价格优势被大大削弱，核心竞争力丧失殆尽。

在2006年，《IT时代周刊》采访了原供职于摩托罗拉旗下公司飞思卡尔半导体的亚太区总裁关永祺，他曾经专门负责PHS技术在日本的研发推广，但PHS业务后来被摩托罗拉果断砍掉。

关永祺坦言："当初摩托罗拉在日本也发展小灵通，但后来我们彻底退出了。因为那时候日本政府认为，这个技术已经面临淘汰，技术应该往高处走，而不是相反。我一直密切关注UT和吴鹰的发展路径，我也曾看到，吴鹰把这个东西拿到中国来，做得很好，我可以祝贺他，但我们不会去做！"

"小灵通是一种很特别的产品，但不是一个长远发展的方案，只是在一个特定的时间、一个特定的机会，它冒了出来而已。即使你在几年前问我，飞思卡尔要不要上一个小灵通芯片项目，我也可以肯定地告诉你，不。尽管你可以说，靠这样一个不能长久维持的方案，UT斯达康已经发展成为一个全球性的大公司。"

关永祺对小灵通的发展轨迹持坚决否定的态度。后来UT斯达康的发展路径和结果，也证实了关永祺的判断是正确的。

在小灵通关闭前后，曾经在一些地区的通信市场还冒出过

大灵通。这是固网运营商旗下的移动电话业务，是 CDMA450 的俗称，与小灵通 PHS 相对，得名“大灵通”。后来，SCDMA 400 也被称作大灵通，类似于 2G 版本。

虽然大灵通大量采用了中国拥有自主知识产权的 3G（TD－SCDMA）核心技术，如智能天线、时分双工、软件无线电等，有着接通迅速、信号超强、高速移动不掉话、覆盖范围广等特征，但是它依然无法阻挡来势汹汹的3G，于是很快就被市场抛弃。尤其是智能手机的逐渐普及，更是凸显出没有哪种过渡性的技术，可以阻挡通信行业发展的时代潮流，过渡性技术只能是昙花一现。

商场如战场，吴鹰的胆识与勇气值得我们称道，他在创业路上的拼搏也值得我们学习。如今，在通信行业这个完全竞争的红海市场，只有居安思危，勇于创新，才能保证企业基业长青。

HANDSET 06

手机操作系统大战

现代手机承载的不仅是通话功能，从 2G 时代的塞班系统开始，手机就向人们展现出了更多的可能性，听歌、拍照、玩游戏、看电视……手机已经成为人们随时随地连接世界的多功能设备。实现这些丰富功能的正是不同的手机系统及基于该系统的各种应用。

互相赛跑，是这个时代手机系统商唯一的主题。目前，谷歌的安卓系统和苹果的 iOS 系统，已经成为手机最大的两个操作系统平台。他们的崛起碾压了包括塞班在内的大量系统商及其背后的手机设备厂家，如今这两个平台仍难较高下。但是在手机系统大战的路途上，除了“王者竞技”，还有诸多的联合手机软件企业，试图杀出一条血路，但他们最终只能铩羽而归，甚至有的企业就此偃旗息鼓，没落于江湖。

今天手机界的安卓系统和 iOS 系统——就像饮料界的百事可乐与可口可乐，快餐界的麦当劳与肯德基，两大高手通过良性竞争，共同维系产业生态的平衡，也更好地推动着手机行业的发展。

2019年5月，正当美国全面封杀华为之际，谷歌也陷入困境，不得不宣布将停止与华为合作。这可能切断华为手机的安卓（Android）系统更新。随后华为在6月份宣布，正在集中测试自己的操作系统，这一新款操作系统在国内市场命名为“鸿蒙OS”，在海外市场命名为“Oak OS”，并计划在2019年年内正式发布。或许，这场封杀，将催生出一个全新的手机生态系统。

谷歌安卓：合纵连横

面对销售业绩的下滑，诺基亚选择放弃maemo系统和关闭塞班系统。2011年2月11日，诺基亚与微软达成全球战略同盟，并深度合作共同研发Windows Phone操作系统，甚至在2013年9月3日，微软和诺基亚共同宣布微软以72亿美元收购诺基亚手机业务。但是因为和微软的合作相对缺乏竞争力，曾经连续11年雄踞全球手机销售冠军的诺基亚，不得不在2014年4月宣布退出智能手机市场。直至2017年，诺基亚在新东家HMD global Oy[①]的操作下才悄然回归。

① HMD global Oy是一家芬兰公司．由几名诺基亚前经理人创立，被称为“诺基亚手机之归宿”。HMD全球团队由首席执行官Arto Nummela和总裁Florian Seiche执掌。2018年5月这家公司获得了1亿美元融资，估值超过10亿美元。

这血淋淋的失败，让市场喊出了“得手机移动系统者得天下”的口号。无数手机设备制造商充分意识到头顶上高悬的达摩克利斯之剑。研发能够承载更多硬件功能并能流畅使用，甚至可以衍生出新生态的手机系统，这已经成为行业不需言说的共识。

在同一时刻，谷歌抛出的安卓系统正在广泛寻找盟友。只需要满足安装谷歌专有应用的要求，手机设备制造商就可以获得该系统的使用权，谷歌还可以为其定制专属的安卓系统。这让安卓的盟友迅速增加。到了2018年中，安卓系统已经占据了智能手机市场高达8成的份额。成为如今智能手机市场中当之无愧的系统霸主。

就让我们回过头来看看这款几乎“制霸”全球的系统，看看它有着怎样的前世今生？

在美国电子制造业、互联网行业高速发展、人才聚集的背景下，2003年安迪·鲁宾(Andy Rubin)等4位创始人在加州创立了安卓公司（Android Inc）。这时的安卓公司正在开发一款数码相机操作系统，但随后几位创始者发现，现在的数码相机市场规模有限，导致行业内的系统提供商均存在较大的盈收压力。和很多初创企业一样，“船小好调头”。看到此时智能手机正处于蓬勃发展阶段、市场规模不断扩大、系统换代需求明

显，而市场尚未出现国际巨头后，安卓公司随即转型，开始研发手机操作系统。

不过在安卓公司转型的过程中，困难颇多。由于资金压力，团队一度窘迫到无法支付办公场所租金。不过这时安卓最早的“天使投资人”出现了，史蒂夫·帕尔曼(Steve Perlman)作为鲁宾的好友，在先为其带来一万美元现金后，又汇了一笔数目不详的种子资金。同时，有更多的资料显示，帕尔曼提供资金的同时放弃了持有公司股份的权利，并表示“我这么做是因为我相信这件事，我想帮助安迪”。

在天使投资的推动下，2005 年 7 月，安卓系统的架构越发完整，并展示出良好的潜力，吸引了已经是知名互联网企业的谷歌，以不少于 5000 万美元的价格将其收购。包括鲁宾在内的安卓公司 3 位创始人也就此成为谷歌公司的一员。在谷歌更为强大的资金和技术支持下，鲁宾及其团队的研发进度加快，2007 年安卓系统正式发布。

之所以描述这么一段安卓早期的故事，是因为在美国甚至如今的中国，不少科技公司甚至优质互联网项目的诞生都曾经历过这样的情形，例如早期获得来自同行、好友、同学的天使投资，在中期被大型科技企业收购，最终被孵化为成熟产品。但是在“种子”的孵化早期，创业者更需要的是类似于帕尔曼

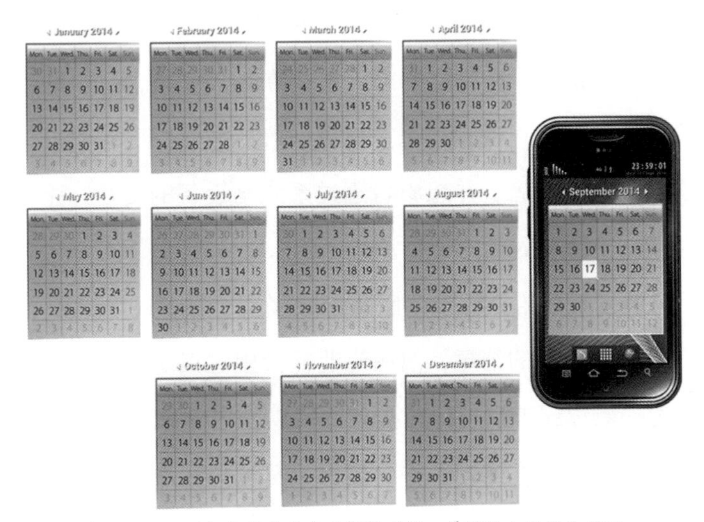

图6-1 2014年出现的安卓系统的手机，触摸屏上日历的界面。

这样的“傻子”投资者，只有不急进功利，才能给创业者更多的发展空间。

诺基亚传奇总裁奥利拉曾说过，美国科技产业的发达和科技创业者、投资者的聚集，让美国的手机系统商、设备商拥有了极强的竞争力，而这正是诺基亚最终失败的根本原因——缺乏这样的创新和资本环境。事实上，如今智能手机系统的两位王者，确实都是地道的美国公司。

反观谷歌收购安卓的逻辑，则是基于这家IT巨头的智能终端战略。在这一战略中收购只是其中的一部分——塞班臃肿的代码量越来越难负载智能手机的未来，市场在呼唤一个灵活、健康的年轻系统。无论是哪家巨头都在积极“卡位”，谁也不想成为被时代抛下的那一个。更进一步，巨头们更希望自己是这款系统的所有者，并想象着通过系统与设备的交互，让自己成为下一个智能时代的霸主。

勇敢且智慧的鲁宾带领团队迎来了安卓的诞生，这看上去像一个英雄故事的结尾，但在商业社会里这只是一个开始。谷歌作为一家称霸市值排行榜多年的巨头，这时候将展现出自己优秀的战略和战术能力。谷歌提出：愿意与一系列硬件组件和软件合作伙伴结盟，并向运营商、其他设备制造商发出信号，表示愿意进行不同程度的合作。

在2007年年底，谷歌宣布成立开放手机联盟(Open Handset Alliance)，34家终端和运营企业加入该联盟，其中有谷歌、中国移动、HTC、三星等领军企业，他们将支持谷歌发布的系统和应用，并共同开发安卓系统，也正因如此，安卓一定程度上也不被认为是谷歌的“所有物”。

这种结盟战略将成为安卓横扫整个智能手机市场的核心原因。但考虑到安卓是基于Linux内核的开源系统，其结盟战略也是手机厂商们在系统上互相竞争的结果。

但这样的“结盟战略”并非谷歌独创。彼时，面对塞班

“一统天下”的局面，Linux 的开发团队、手机硬件商各自为政，导致无法形成具有重塑市场格局的竞争力。为此，依托 Linux 的摩托罗拉、三星等 6 家机构联合，利用社区开发的透明、创新和可扩展优势，在 2007 年 1 月成立 LiMo 基金会，合力打造了 Mobile Linux 软件平台。当时，行业内认为这是第一次改变了依托 Linux 开发系统的设备商们各自为政的局面，并将成为塞班系统的威胁。

遵循这一逻辑，谷歌为了推动安卓系统，再次推出更加开放的联盟，这样的战略和战国时期的政治谋略“合纵连横”如出一辙。

在 2007 年，智能手机市场除了诺基亚的塞班系统一家独大，还有一匹黑马横空出世。这就是苹果独立的生态系统——iOS。2007 年 1 月 10 日，苹果发布了第一款全触屏智能手机 iPhone，虽然这并不是全球第一款全触屏智能手机（在 1992 年，IBM 就研发出了全球第一款全触屏智能手机 Simon Personal Communicator），但从更深处的意义上说，乔布斯重新定义了智能手机，而这就是因为其独立的操作系统 iOS。

这不仅是诺基亚历史转折的信号，对于彼时所有具有敏感触觉的科技公司而言，他们都观察到了 iPhone 对智能手机市场带来的冲击。此时的谷歌除了面对诺基亚旗下的塞班，以及

率先结成联盟的 LiMo 基金会，还有一个年轻却在迅速生长的新对手苹果 iOS。

在此背景下，对于谷歌而言，寻求更多愿意成为自己“广告商”载体的盟友，是找到更大增长点的唯一机会。

为什么这么说？ 这时的谷歌已经观察和预判到 PC 端用户向移动端转移的趋势。搜索和 Gmail 作为谷歌当时的拳头产品，大量布局在 PC 端。对于安卓系统，谷歌的目标是打造一个在移动端分销自己应用的“渠道中心”，即寻找大量的手机厂商，为其免费提供可定制的开源安卓系统，再通过协议让这些使用安卓系统的伙伴安装上自己不可卸载的应用入口[①]。简单来说，这种模式依然是通过装载更多的应用带来广告收入以获得快速成长，而且随着这些伙伴越来越多，其应用将最大限度地覆盖到整个手机和平板电脑终端。

2008 年 9 月，首款商用安卓设备发布，但并不是谷歌自己的设备，而是 HTC 公司的 HTC Dream，这是第一款正面和苹果的 iPhone 相抗衡的智能手机。也正是这款手机，将 HTC 推向了行业的巅峰。在 2011 年 HTC 最高峰时，其 4300 万部的

① 指强制捆绑整个套件的 Google 应用程序、谷歌搜索快捷方式和存储应用程序，而且必须出现或接近主屏幕页面的默认配置。

销量，在全球智能手机占比高达9.1%。在美国市场上，HTC甚至超越了当时的手机巨头诺基亚[①]。

2010年，谷歌推出了Nexus系列设备，同时谷歌与不同的设备制造商合作生产新设备并推出新的安卓版本。自2011年以来，安卓系统一直是智能手机和平板电脑上最畅销的操作系统。截至2018年6月，谷歌Play store拥有超过330万个应用程序。根据研究公司Gartner发布的2017年智能手机相关数据显示，安卓系统的市场占有率达到85.9%。

苹果iOS：“独孤求败”

2005年，在重新回到他创立的苹果公司的第9年，史蒂夫·乔布斯(Steve Jobs)开始开发iPhone。这时，他有两个选择：要么缩小Mac[②]，要么扩大iPod[③]。乔布斯支持前一种方式，但在内部竞争中，由斯科特·福斯特尔(Scott Forstall)和托尼·法德尔(Tony Fadell)领导的Macintosh团队和iPod团

① 新华网. 北京商报，HTC市场份额跌至不足1% [EB/OL]，2017-09-20，http://www.xinhuanet.com//tech/2017-09/20/c_1121691347.htm.

② 苹果自1984年起以“Macintosh”开始开发的个人消费型计算机。

③ 便携式多功能数字多媒体播放器。

队“相互对垒”，谁先作出成绩，谁将决定 iPhone、甚至整个智能手机行业的历史。这时候，苹果公司发展历史上除了乔布斯之外，另一个天才般的人物正式释放出他的能量——领导 Macintosh 团队的福斯特尔赢得了这场竞赛。

福斯特尔如果出身在中国，他或许会被冠以“神童”的称号。他在年少时就展现出了在科学和数学上的惊人天赋，比同龄人更早的被华盛顿布雷默顿的奥林匹克高中录取，并在此后进入斯坦福大学，获得了符号学学位以及计算机科学硕士学位。1992 年，他加入了史蒂夫·乔布斯的 NeXT 公司。在乔布斯回到苹果后，该公司被苹果收购，福斯特尔也被委以重任，在 2003 年被提升为高级副总裁。

在 2005 年，iPod 大获成功后，以电脑为品牌形象的苹果开始思考转型，以及寻找下一个类似 iPod 的产品。

在 Mac 和 iPod 的竞争中，福斯特尔对于如何缩小 Mac 打造出另一款产品有了一个大胆的想法，即参考正在测试的平板电脑项目，采用全触控操作演示。

根据媒体的报道，当时最早测试的是一个平板电脑的项目，福斯特尔说，他还记得当时走进一个会议室，里面有一张大桌子，他看到了一个全触控的操作演示，“我感觉就是它了”。但以何种产品来承载全触控的体验输出？“有次我和乔布斯吃午饭，我们说大家都有手机，但都不喜欢它。”福斯特尔回忆说。乔布斯提出，把平板电脑项目的全触控操作搬到其他的屏幕上，比如把设备的尺寸缩小到可以放在口袋里的可能。“后来团队开始演示怎么用触控操作手机，我再看到这些演示的时候，就觉得这才是真正的手机。”福斯特尔对于iPhone的最初设计有着这样的认识。

在这一设计理念的依托下，福斯特尔带领团队创造出了iPhone操作系统，并获得了认可。这款系统当时被称之为OS X，但随着iPhone的发布，它改名为更简单明了的iPhone OS（Operating System，指操作系统，简称iOS）。具体来看，这一款为苹果手机量身定制的操作系统以桌面操作系统作为基础，让第三方Mac开发者可以更为快速地掌握iPhone的软件编写，也为iPhone成为第三方开发者平台提供了基础。

所以iOS系统一开始就以触屏为核心，与苹果硬件以及公司生态

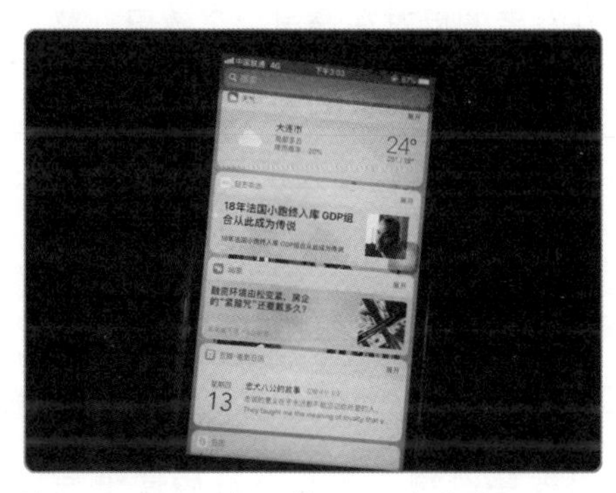

图6－2　2018年9月12日上市的iPhone8 plus，其触摸屏上的iOS操作界面。

打造完美融合。也正是因为这样大胆的设计让 iPhone 横空出世、iOS 成为智能手机历史上一座无法绕过的丰碑，福斯特尔至此被称为 iOS 之父。

不过，值得注意的是，最初的 iOS 系统并不支持第三方本机应用程序。个人特色强烈的乔布斯，彼时根本没有打算让第三方开发者为 iOS 开发原生应用。他在 iPhone 发布时提及，只希望开发者用 Safari 网络浏览器开发网络应用，这引起了开发者的反弹。实际上，市场认为苹果 mac OS 和 iOS 的内核，是类 Unix（其源码是闭源的）的 Darwin 系统（开源但不开放）。这个基本的选择和乔布斯的个性有关。回顾《乔布斯传》就可以看到他对于产品的极端追求，甚至于偏执。但是，开发者的反对在这里起了效果，苹果很快意识到为开发者提供便利的重要性。福斯特尔开始负责开发 iPhone 应用程序的程序开发工具包（SDK），以及 iTunes 中的应用程序商店。iPhone 发布后的第 10 个月，苹果发布了这个动态；2008 年 3 月 6 日，苹果举行新闻发布会，宣布 iPhone SDK 发布。

2008 年 7 月 10 日，iOS 应用商店开业，最初有 500 个应用程序可用。在两个月后便迅速增长到 3000 个。2009 年 1 月，这个数据变为 1.5 万。随后开始呈现非线性增长，仅到同年 6 月该数据就突破 5 万，11 月突破 10 万，2013 年 10 月正式达到 100 万。应用情报公司 Sensor Tower 预计到 2020 年 App Store 的应用将达到 500 万个。但是自始至终苹果 iOS 与开发者之间的权限博弈都没有停止，因为开发 iOS 的成本长期高于其他系统。

不过，在此情况下，为何没有结盟的 iOS 也能成长为仅次于安卓的全球第二大最受欢迎的移动操作系统呢？

还要说回福斯特尔。这个被称为“小乔布斯”的天才，在负责 Mac OS X 系统以及 Aqua 用户界面最初设计时，就展现出了“高阶审美”能力。在乔布斯重新接掌苹果时，苹果电脑市场份额正面临大幅度回撤，其中 10 年未变的老 Mac OS 的界面深受乔布斯的厌弃。他认为必须要重新设计。这时候福斯特尔接受了界面设计的任务，在他和同僚的负责下，Aqua 诞生了。在英文中，Aqua 为水的词根，作为界面，他们采用了带有类似水滴的组件，自由使用反射效果、倒影效果和半透明效果。Aqua 一经推出，就以优雅且带有未来感的设计而大受欢迎，并将电脑重新推向了行业领导者的位置。在 iOS 界面设计上，福斯特尔同样沿用了这一设计理念，高颜值、操作简单成为苹果界面的标签。

说回到系统本身的竞争优势上，因为 iOS 是基于硬件进行的设计，与联盟派的安卓截然不同。iOS 与硬件的整合度更

高，用户使用时体验相对顺畅且稳定。除此之外，iOS 的封闭性生态，也带来了更高的安全性，这才是终端用户最为看重的体验。

在移动互联网软件行业，有一种说法，技术小白更喜欢苹果，高级玩家则更青睐安卓。两个系统手机都有、还经常拿出最新版的，那一定是开发者。

谁主沉浮？

在安卓和 iOS 系统崛起时，大量的手机系统被取代了。除了上文提及的塞班和 WP 系统外，最为突出的是黑莓手机份额的下降。

如果读者朋友是 60 后、70 后或者 80 后，那么或许会记得曾经有一款全键盘的智能手机横扫高端市场——这就是黑莓（Blackberry）。这部搭载有自己独特 BlackBerry OS 的高安全性系统，主要针对企业、商务市场的手机。但随着安卓系统和 iOS 系统的猛攻，仍注重安全性，固守全键盘，导致黑莓的应用生态圈相对薄弱，用户群体越来越小众，最终逐渐败下阵来。

2016年7月5日，黑莓宣布停产经典的全键盘智能手机Classic。这也标志着“小屏幕、全键盘”智能手机时代的结束。同时公司在这一年也宣布“投靠”安卓阵营，变成为其他厂商贴牌生产安卓手机的供应商。

图6-3　2008年9月黑莓9000上市，延续了黑莓手机一贯的键盘操作模式。

这种残酷的故事在智能手机行业太过常见。即便是安卓和iOS，也不得不经常关注并试图赶超对方，并对系统进行随时的对标和升级。

比如，在2008年安卓系统手机问世的一年以前，苹果第一款全触屏智能手机iPhone问世。这一举动向多家智能手机市场上的巨头传递了历史转折的信号，谁都能看到苹果带来的全新设计让市场的口味发生了变化。

全触屏成为一种标杆，正在开发手机系统的谷歌被“杀”了个措手不及。本预期尽早问世的安卓不得不进行修改，因为触摸屏智能手机代表着现在和未来，支持触摸屏成为安卓不得已而为之的设计。

这是苹果iOS系统与谷歌安卓系统之间的第一次较量，也拉开了未来两者互相竞争的序幕。与此同时，很多技术可以通过更新得到解决，但一些“原罪”却很难。

从安卓来看，虽然搭载安卓系统的硬件更多，但由于采用与厂商定制的方式，因厂商硬件的不同，造成安卓系统软件上的差异，生态较 iOS 相对薄弱。根据 Open Signal 在 2013 年 7 月的数据，安卓设备有 11868 个型号，其背后是 8 个安卓操作系统版本，彼此之间无法完成最高版本的一致性升级。受制于此，应用开发也有着天然困局，这被称为安卓的碎片化。

同时，谷歌对于安卓的经营模式，也受到竞争对手的反垄断诉讼。2018 年 7 月 18 日，欧盟委员会指控谷歌安卓存在垄断行为（捆绑谷歌搜索和 Chrome 作为安卓的一部分，以此阻碍其他搜索服务提供商被集成到安卓等行为），并拟对谷歌进行合计约 50 亿美元的罚款。不过谷歌于 2018 年 10 月提交了对该裁决的上诉。

而 iOS 方面情况也是如此。自 iOS 发布以来，该系统一直受到各种各样以添加苹果不允许的功能为中心的黑客攻击。即便是中国市场，只要打开百度输入苹果越狱，就能带来超过 2000 万个搜索结果和大量“手把手教程”。许多用户对于苹果需要收费的应用大呼不能忍受，同时也希望获得更多的 DIY 自己苹果手机的机会，例如安装一些插件、屏蔽广告和使用更个性化的主题。

与此同时，苹果对 iOS 的控制也受到来自自由软件基金会等大量业内人士的批评。科技界的一些人担心，这些限制可能会扼杀软件创新。硬件方面，在 iOS 更新到 11.3 之后，对于第三方没有认证的配件进行了封禁。这意味着如果用户更换了非官方的配件，例如屏幕，iOS 11.3 的系统将让你的手机直接变成一块“砖头”。尤其是因为降速门[1]的风波尚未完全平息，在此情况下，苹果的这种做法再度引起了业界的不满。

此外，为了与苹果 iOS 竞争，同时获取更大的商业利润，谷歌在 2017 年初推出了全新的封闭系统 Fuchsia。这是一款定位手机、平板的封闭移动操作系统，俨然就是第二个 iOS，谷歌期望在 5 年内能够让其代替安卓。当时，业界有声音称谷歌要放弃安卓。但是，截至目前谷歌尚未有大动作，而且对于坐拥 20 亿装机量的安卓系统而言，从开源到封闭绝对是一个很难让厂商接受的事情。就此，有专家甚至断言，要看到这种更替的完成，就如同看一个孩子从幼儿园到高中时代的成长。

不过就这两款系统而言，他们在竞争的同时还在不断“靠近”。截至目前，我们可以看到的是，随着安卓系统的不断升

① 指苹果系统更新带来旧版 iPhone 不可逆的运行速度下降，其引发全球消费者的不满。目前因为“降速门”苹果面临至少 60 起不同的诉讼。

级，该系统能带来和 iOS 同等的流畅体验。最新版本的安卓正在积极解决碎片化的问题，此外 9.0 版本还有可能会限制应用程序访问安卓 SDK 中未记录的 API(Application Programming Interface,应用程序编程接口)，锁定 API 之后虽然可以保护用户免受这些 API 的垃圾应用程序侵害，但其开放性肯定会受到限制。另一方面，苹果也在逐步放宽 iOS 应用开发者限制。此外，苹果曾经引以为豪的外观也与安卓机型越来越接近。一旦背标被挡住，很难分清是苹果机还是安卓机，两者的趋同性开始显现。

中国自主手机系统生死劫

在中兴通信被美国调查的事件背后，市场开始对国内市场的电子设备逐一梳理，不少人赫然惊呼：“泱泱大国，竟无一款自主手机系统乎？”

放眼望去，诚然全球智能手机市场被安卓、iOS、Windows phone 所占据，尤其是前两者，几乎覆盖了 9 成以上的市场，但中国智能手机市场依然有不少巨头在尝试研发并推广自己的智能系统。

其中，已经问世并搭载手机设备，面向市场的一款知名度相对较高的系统，就是“BAT”（即百度、阿里巴巴和腾讯）巨头之一的阿里巴巴旗下的 YunOS。

2011 年，阿里巴巴集团旗下阿里云计算有限公司在北京召开新闻发布会，正式推出了阿里巴巴 YunOS，同时联手天宇朗通发布首款基于 YunOS 的智能手机天语 K－Touch W700。2012 年，阿里巴巴对 YunOS 追加投资 2 亿美金，该系统成为阿里巴巴集团的战略级产品。

不过关于 YunOS 是否是全自主的国产系统，这背后有一场辩论。YunOS 的内核和安卓一样是基于 Linux，但谷歌曾公开认为，这是基于开源安卓操作系统的一个分支但不兼容的版本。这当然遭到阿里巴巴的否认，其认为 YunOS 不仅重写了安卓的 Dalvik 虚拟机，还列举了不少不同之处。

最终这场争论不了了之。但 YunOS 随着国产手机品牌的丰富而夺取了不少中国市场的智能手机系统份额。其中如波导、朵唯、魅族、纽曼、锤子等都推出过搭载 YunOS 的手机。在 YunOS 5 atom 的发布会上，演讲者提及 YunOS 用户数突破 4000 万，在国内手机系统市场中，YunOS 份额超过 Windows phone，成为第三大手机系统。此后，其第三的名次一直保持了下去。

彼时，外文网站上曾将阿里巴巴推出 YunOS 的战略与谷歌做对比，认为阿里巴巴是在采用安卓之于谷歌的策略。但实际上，阿里巴巴完全没有这个想法。2017 年 9 月 27 日，阿里巴巴宣布操作系统升级战略，并正式发布全新 AliOS 品牌，提出“驱动万物智能”。该系统整合原 YunOS 移动端业务，将面向汽车、IoT 终端、IoT 芯片和工业领域研发物联网操作系统。

这是一盘更大的棋。就在 YunOS 越铺越大的同时，国内一家在海外市场呼风唤雨的手机生产商，也提出打造自己的手机操作系统，它就是华为。

2012 年任正非就曾经说过，“出于战略考虑，我们正在开发自有操作系统，因为我们不希望一旦‘断粮’，一旦不允许使用安卓或者 Windows 8，我们就会陷入绝境。”彼时，该系统被称为 Kirinos。但时至今日，该系统并没有问世。

2018 年，中兴通信被美国调查的事件发生后，华为自主研发手机操作系统的消息再度喧嚣尘上。根据新浪科技报道，有知情人士透露，华为一直在开发、完善自有智能手机操作系统。同时还有不愿意透露姓名的知情人士说，2012 年美国向华为和中兴通信发起调查，华为由此开始开发自有操作系统。他还说，华为还在开发平板、PC 操作系统。该知情人士称，华为将开发工作视为战略投资，主要是为最糟糕的情况做准备。华为并没有发布操作系统，因为系统没有安卓好，而且操作系统也没有大量第三方应用（App）支持。

2019 年 5 月，随着中美贸易谈判未能如期达成协议，美国开始挥舞大棒对华为进行全面制裁，除了芯片供应被叫停之外，谷歌的安卓系统、微软的操作系统也在停供范围之内。

实际上，在 2019 年早些时候就有媒体问华为，如果无法使用安卓或者 Windows 系统怎么办？ 当时华为就表示有“备胎”，但它也表示更愿意使用谷歌和微软的生态。如今，华为不得不启动“备胎”，集中测试自己的操作系统，这一新款操作系统在国内市场被命名为“鸿蒙 OS”，在海外市场被命名为“OakOS”，华为称可能会在 2019 年的 8 月份或 9 月份发布。

随后有消息称，谷歌在华为推出自己的系统之后，其态度已然发生变化，它又把华为手机 Mate20pro 添加回 Android Q 升级名单中。至于华为的自主操作系统能否成功，能否成长为一个类似于苹果 iOS 的独立系统，业界也不乏担心和质疑。“备胎”的未来，还需要时间和实践来检验。

中国自主研发手机操作系统并不是存在技术上的瓶颈，主要是因为在安卓系统几乎已经垄断全球智能手机市场的情况下，开发者已经抱团，这意味着新的系统在应用生态的推进上将非常困难。这更像一种“虹吸效应”，强者恒强。华为或者其他的国产手机制造商在此情况下，最初都自主开发操作系统的动力。如今，这一切已经箭在弦上，不得不发。对华为而言，真正的考验才刚刚开始。

HANDSET 07

疯狂的山寨手机

有人曾发出过这样的疑问：在中国是山寨手机成就了凤凰传奇，还是凤凰传奇成就了山寨手机？

这样的问题在大量品牌和品牌歌曲相互成就的营销案例中并不罕见，例如华为和《Dream It Possible》、大众汽车和《I Will Come To You》、四川航空和《向往神鹰》。只不过，山寨手机的背后似乎从未有过这样精心策划、资本推动的营销。但是，每当“苍茫的天涯是我的爱\绵绵的青山脚下花正开\什么样的节奏是最呀最摇摆\什么样的歌声才是最开怀”的歌曲响起时，人们总会想到如果这不是大爷大妈们在跳广场舞，就肯定是谁在用山寨手机听歌。似乎只有山寨手机，才能支撑如此强大的“气场”。

从数据上看，山寨手机和凤凰传奇的这种高度相关性是真实的。在网络上，甚至有人评选出山寨手机必下载的10首歌曲，包括凤凰传奇的《月亮之上》《自由飞翔》等，这或许是

山寨手机和凤凰传奇的受众恰好重叠，也或许是山寨手机兴盛带动手机音乐播放快速普及之时，凤凰传奇恰好声名鹊起。总之，回顾山寨手机的发展史，它与大众流行歌曲形成了一种独特的生态，共生共荣。

山寨手机之所以能够在中国市场迅速铺开，占领市场并走向世界，主要原因在于山寨手机虽然做工粗糙，但以低廉的价格、强大的功能等“核心竞争力”，在市场上迅速赢得一席之地：设计夸张、超长待机、双模双卡、大容量的 TF 卡[①]扩展、4 个摄像头、验钞功能、手电筒、激光笔、内置 GPS、模拟电视接收等，集合现代通信以及其他辅助设备于一身，“集大成者”的山寨手机，自然极大地满足了中低端市场的需求。与此同时，一些山寨手机瞄准市场空档，通过精准营销获得了一定的市场份额。比如为佛教徒开发的如来佛手机在佛教信徒中有一定的市场空间，曾经模仿苹果的尼彩手机一度风靡全国甚至成为被山寨手机模仿的对象。

在正规手机行业以及部分消费者对山寨手机“炮轰”的同时，我们也应该清晰地看到山寨手机对于市场需求的强大覆盖能力，尤其是山寨手机强大的功能开发、整合、应用以及创新

① T-Flash 卡．由摩托罗拉与 SANDISK 共同研发，在 2004 年推出。

能力。

实际上，在没有通过信息产业部的核准之前，国内包括天语、金立、天时达等多家手机制造企业都曾经制造过山寨手机，只是没有多大的规模，市场整体也未成气候。后来，他们经过国家相关部门的核准，成为手机业的正规军，自然不能称之为山寨手机。此外，诸如称霸非洲市场的传音手机，本身就是山寨手机出身，如今已经拥有强大的品牌影响力，出口一度在国产手机中排名第一，在非洲市场打败了三星等诸多国际品牌。

此外，提起山寨手机，就不得不说到深圳华强北——中国电子第一街。这里见证了中国手机业的发展史，也推动着中国手机产业的发展，更是山寨手机赖以生存的肥沃土壤。如今的华强北已经在悄然升级换代，更多曾经奋斗过以及正在努力奋斗的华强北人却一致认为：蜕变后的华强北会更换一批商家，有些企业再也回不了头，但一定还有其他企业奔向华强北。若干年后，华强北依然是一个财富的丛林，依旧会健康地生长和转型。

被抛离的华强北

没有哪里能够比深圳华强北更快地捕捉到手机产品流行的节奏。当 2017 年 iPhone X 上市之后，在深圳华强北很快就开售起山寨 iPhone X,并成为当年中国山寨手机生产厂商最爱的山寨款式。

“这和真的一模一样。”很多业内人士都不得不感叹。只不过，国产的 iPhone X 用的是安卓系统，但其他软件、硬件甚至并不逊于苹果手机。包括 iPhone X 特色的 3D Touch 功能、黑科技解锁方式、设置界面等等都一模一样。设计也是颇为“人性化”，不仅采用了“发际线”前移的“刘海”，还保证了抗摔性能。

山寨手机，就这样因为中国制造独特的、充满人性化和高性价比的“再创造”，使它并没有外媒提起时的那样“不堪”。而让这群有着独门生意经的老板们聚集的华强北，成为一个山寨手机绕不开，颇有蒸汽朋克感的传奇之地。

华强北曾经是广东省深圳市福田区里的工业区域，聚集过生产电子、通信、电器产品的商家，高峰时曾拥有 40 多栋厂房。也因为这样，华强北商业区总面积达到 1.45 平方公里，华强北路上的沿街商店达到 700 多家，贩卖电子产品的大型商场也高达 20 多家，并且经营面积不小，通常以 1 万平方米起。如此大的规模，让华强北稳坐中国最大电子市场的宝座。资料显示，2007 年 10 月，中国电子市场价格指数在华强北诞生，使深圳成为中国电子市场的“风向标”“晴雨表”。随后在

2008年被中国电子商会授予“中国电子第一街”称号。

图7-1 夜色下的深圳“中国电子第一街”华强北

实际上，全国各地的电子一条街，比如北京的中关村、成都的太升路、西安的小寨等等，都是山寨手机和水货手机曾经赖以生存的土壤，但华强北往往被认为是真正的山寨手机“山头”。除了大宗电子产品的交易，水货手机、山寨机的交易也让全国各地的批发和经销商对此趋之若鹜。

“每天起床想到的第一件事，就是到华强北自己的店里来。华强北这三个字，意味着感情、客户和财富。”来自东北的老王最初是在这里打工，帮别人扛活，后来自己开了一个小店，经销各种电池。

但如今的华强北已经不再似当年那样繁华。2019年4月的一个上午，笔者漫步在华强北一带的各大电子产品商场，里面显得干净、整齐，但很多时候手机批发柜台都是门可罗雀，柜台老板也是无精打采，早已没有了前些年那种人声鼎沸、熙来攘往的热闹景象。

在老王看来，一方面是大家把经营的重心已经逐渐搬到了网络上，包括山寨手机的销售等；另一方面也在于政府的管理日趋严格，对侵犯知识产权的山寨手机予以严厉打击；再就是手机价格宽带的选择范围越来越多，山寨手机与正牌手机相比已经没有了竞争力，走向没落是必然结果。实际上，老王提到的严打始于2010年底，2000多家手机商户就此退场。此外，华强北还是水货手机和电子产品的通道，这主要源于内地手机价格和香港以及海外手机存在巨大的价格差。据信息产业部当时的统计，2001年三星手机在中国境内获得入网许可证的只有40万部，但是当年三星在中国的销售总计600万部。这其中的560万部就是没有入网许可证的水货手机。水货的流通渠道中，华强北无疑是国内通信市场最具有地域优势的。

这样的价差，也使得港、深两地出现了很多手机走私群体，其中苹果手机4－7系列成为走私手机的重头。在之后的严厉打击下，华强北的水货市场也急剧萎缩。但真正让水货逐渐没有了竞争力的原因，还在于内地的手机销售价格与香港以及海外市场基本趋于同一价位，依赖手机为生的“掮客”也自然没有了走私水货的动力。

如今，在华强北除了苹果、三星、华为、OPPO等个别高端产品能够引起山寨厂商和经销商圈子的兴奋之外，大多数时候的华强北山寨市场，已经陷入了冷清。这样的冷清与当年的繁华一对比，让许多在华强北发展甚至于淘得第一桶金的企业家、私人老板们如今只能唏嘘不已。

山寨手机的缘起

“山寨”一词古时候是指山匪马帮聚集的法外之地，而今借其名号，那么“山寨手机”顾名思义亦是游离于管理范围之外，通过野蛮生长而成规模的手机。山寨手机的大规模涌现，和山匪马帮的寻山落草有所不同，它的背后是政策和商业逻辑的交织。

回顾 2007 年之前，手机市场主要是以走私的水货手机或者翻新手机为主。在市场上，这些手机被称之为“黑手机”。

为什么 2007 年之后，山寨手机如雨后春笋一般纷纷冒头？因为在同年 10 月，国家取消了一个长达 9 年被称作“手机牌照”的制度。

与此同时，一家台湾的芯片厂商——传说中的“联发科技”（以下简称 MTK），突然带来了一款可以洗牌整个手机市场的廉价芯片，即 MTK 手机芯片“Tum－Key Solution”。犹如命运的神来之笔，这款芯片以一己之力撼动了手机品牌格局。正是它为山寨机的诞生提供了最主要、也是最直接的条件。在此之前，中国手机产业主要都是以贴牌生产或者合资为主，虽然波导、夏新、熊猫等国产手机，曾经创造了诸多行业奇迹，但是芯片制造至今仍然掌握在高通、联发科技等全球几大厂商手里。2018 年的中兴通信被美国制裁引发的危机，就是中国手机芯片受制于人造成的窘境。

联发科技廉价的 MTK 手机芯片将手机制造业推向了一个新的阶段。作为山寨机的核心，这种 MTK 手机芯片拥有着极高的集成度，包括摄像头、mp3、mp4、触摸屏、JAVA 以及蓝牙等功能，并将主板、芯片、GPRS 模块以及系统软件捆绑在一起。手机厂商获得这种芯片后，只要做个外壳，加上电池和屏幕，如果要导航功能就再加个 GPS 的导航模块。这样一部带大屏幕、支持触摸手写、扩展卡以及蓝牙功能的手机就诞生了。在淘宝网上，大量 199 元、品牌五花八门的智能手机，就是 MTK 芯片造就出来的产品。

联发科技芯片的廉价策略，甚至搅动着芯片行业纷纷降低身价，当然这是后话，我们会在“芯片的战争”章节中展现。

联发科技在中国手机市场的大规模应用，实际上是从天语手机开始“试水”的。在 2002 年成立的天宇朗通公司，在创始人荣秀丽的带领下，从成立之初就拿出 1 亿元人民币投资手机生产线，并与美国手机芯片企业 ADI（Analog Devices Inc,

模拟器件公司）合作研发手机。但在经历两三年的痛苦之后，仍未能研发制造出适应市场需求手机，做手机代理出身的荣秀丽甚至想放弃手机制造。

2006 年 4 月，天宇朗通终于获得手机生产许可证，开始用联发科技的“Turn－Key Solution”芯片生产手机。随后，天语手机诞生，打开了国产手机的潘多拉魔盒，联发科技廉价且实用的芯片被行业热捧。

在联发科技廉价芯片的加持下，尤其随着 2007 年手机牌照制度的取消，一些已经初具规模的山寨大厂逐渐浮出水面，加入了“洗白大军”。在牌照制度的放开下，他们开始大大方方地使用自己的品牌进行正常销售。

这类手机大多有着与大品牌相似的名字，甚至功能样式。它们往往是由小型工厂生产，模仿大牌外型，按照性价比组合硬件，如此一来降低了大量研发成本。同时，这类手机厂商没有广告投入、甚至偷逃税款，其终端零售价格可以做到品牌手机的零头。

迄今，在 2018 年饱受质疑的某电商平台上，仍能看到大量诸如 APHONE、1Phone、Apple 等 “仿苹果手机”大行其道。而彼时以线下为主的时代里，在全国各地的手机一条街，诸如深圳华强北、北京中关村、成都太升路等形成了山寨机强

大的分销渠道。

“那时候根本不愁销路，关键是有没有山寨机的进货渠道。”曾经在成都太升路租铺面卖手机的徐勤说，从沿海到内地，虽然渠道已经是三、四级经销商了，但是山寨机价格低、赶上品牌机潮流，所赚的利润并不比品牌机少。所以，那时候成都太升路上到处都是手机“串串（掮客）”，向过往路人兜售新款的山寨手机。

有意思的是，由山寨机引发的“山寨”一词已经成为草根的代名词，乃至于在中国形成了独特的山寨文化：从山寨机扩展到山寨数码相机、山寨鼠标、山寨键盘等，再从山寨品牌到山寨明星，从山寨春晚到山寨长城、山寨白宫。“山寨”一词不仅逐渐流行，而且含义也在扩大，从原来的商业产品范畴逐渐扩展到文化、建筑等诸多方面。略带巧合的雷同、刻意模仿的恶搞，只要内容带有一定娱乐元素，都会被放到网上，灌以山寨之名。这一系列的“山寨化”趋势，印证诸多领域的仿制和抄袭现象。

山寨手机的罪与罚

在 2010 年 1 月，市场研究机构奥维咨询发布了《2009 年中国手机市场回顾与 2010 年展望》。统计数据显示，2009 年中国手机产量实现6亿部，同比增长超过7%。当年，中国山寨手机的出货量达到史无前例的1.45亿部，这并不包含在前面提到的6亿部中。该公司指出，山寨手机其中一半充斥在国内市场，另一半则流向了海外市场，主要是东南亚诸国。

1.45亿部，相当于2005年总销量3700万部的大约4倍，这样的剧增显然主要得益于2007年中国手机牌照制度的取消。

就此，全球领先的针对电子制造领域的市场研究公司iSuppli将中国山寨手机称为“灰色市场”(gray-market)。

iSuppli认为，从2008年到2013年，山寨手机的年复合增长率为11.7%，大大高于正规手机同期的4.4%。在印度、俄罗斯、巴西、南非等新兴市场，山寨手机尤其盛行。

根据上述论断，可以看到山寨手机在新兴市场国家有着巨大的市场需求，主要源于其功能全面、待机能力强、价格便宜这几方面优势。

山寨机的性价比并不是说着玩儿的，超大屏、双摄、听歌导航、网购支付、游戏视频一一涵盖。所以当搭载安卓系统的iPhone X山寨机出现，那些以性价比为导向的“创新”背后所展现的强大功能，让诸多业内人士都啧啧惊叹。

与此同时，山寨机对于电池容量、待机能力的追求也经常

上新闻头条。除了宣称的普遍待机时间在数天以上、远超过苹果等品牌手机外，市场上曾有一款叫 ZJ268 的手机宣称可待机两年，而其搭载的 32800 毫安容量的电池创下了历史纪录。实际上，电池续航能力一直是品牌手机的掣肘，既想提供更多的功能，又无法解决电池待机时间短的问题。之前三星手机电池的爆炸事故，就导致三星出现了前所未有的危机，在中国市场销量持续下降，至今都未能扭转过来。

此外，价格因素绝对是目前山寨机与大牌厂商竞争的最强撒手锏，这很好地满足了部分买不起正牌苹果、三星消费者的虚荣心。山寨机的价格能够如此低廉，这都要归功于廉价且全面的 MTK 方案。即使如此，在 2007 年，做山寨手机的利润率大约在 30% 到 50% 左右，后来逐渐下降到 10% 左右，这也主要看山寨厂商的运营能力，能否迅速跟上市场步伐。此外，原来一些品牌手机企业在严酷的市场竞争下，只能放弃中高端市场，转而生产以老年机等为主的廉价手机，也压缩了山寨机的市场份额。

这其中，最好的例子就是 2011 年以 399 元售价而声名鹊起的尼彩手机。

“一部只赚 10 元钱。”这是尼彩刚刚推出时打的宣传广告语。其实，尼彩最初不叫尼彩，它备案的名字是“频果 4”。

凭着这个名字，就足见尼彩的定位就是苹果手机的山寨版。后来，煤老板出身的卢洪波发现，低端手机市场前景很大。“挖一吨煤才赚 10 块，得放多大一堆，小小的一部手机赚 10 块就足够了。”在尼彩手机上市之初，卢洪波曾如此告诉笔者，手机叫尼彩的原因，来源于那位后来疯了的哲学家尼采。卢洪波就是想做手机行业的“疯子尼采”。

在 2011 年 4 月 10 日，首家尼彩手机工厂店在南京开业，引发了千人排队的抢购潮。与苹果手机完全如出一辙的款式，让众多年轻人趋之若鹜，不用卖肾，用 399 元就可以买一部和苹果 4 外形相同的手机。很快，尼彩开始推进“千城万店”战略，在短短半年时间，尼彩手机工厂店在全国开店突破 1000 家。

为了促销，2012 年卢洪波的团队甚至策划了公布手机成本价事件。比如苹果 4 成本 1200 元人民币，小米 1200 元人民币，HTC 的 G15 是 500 元人民币，三星 S5839 是 600 元人民币……当然，这里的价格都是手机硬件价格。这样的手机成本曝光消息，迅速成为消费者热议的事件，所有的人忘记了手机背后还有品牌和软件系统的价值。因此，当时诸多媒体将卢洪波称为手机行业的“搅局者”。

为扩大产品知名度，提升品牌形象，尼彩与国内多位一线明星均有过合作，包括香港明星张智霖、亚太影后张蓉蓉、著名笑星大兵。2013 年 6 月 1 日，影视明星王宝强正式成为尼彩品牌形象代言人。

尼彩手机的火爆，居然成为其他山寨手机的模仿对象。一时间，在城乡接合部、县城乃至于乡镇，雨后春笋般出现了很多山寨工厂店，甚至有的直接叫“尼采”，与尼彩仅一字之差。此外，这些山寨门店无不打着“手机工厂直营店”的招牌，从 99 元到千元机，价格带很宽，款式众多。

但是这样的情形并未维持多久。2015 年，山寨起身的尼彩手机正式倒闭，超过 6000 家的工厂店也消失不见了，作为尼彩老板的卢洪波，他的微博最后一次更新是 2014 年的 6 月 26 日，当时他还在推广 698 元的尼彩 LT16。此外，卢洪波的合伙人蒋德才，后来又创立了“大可乐”手机，一度在京东众筹平台 25 分钟众筹到 1680 万。但是好景不长，这个曾经承诺终身换机的企业，因为合伙人的散伙也倒闭了。

尼彩手机的失败，主要还是源于作为山寨手机，在深圳代工生产出来的手机质量无法保障，故障率太高。这也是山寨手机的通病。尤其随着大量低价位的智能手机诸如小米等的上市，尼彩的市场受到严重挤压。后来尼彩想往高端机发展，采取诸如推出千元以上手机，并邀请王宝强作为形象代言人等手段，但是尼彩手机的形象和品牌影响力未能得以提升，其高价位手机也未能拯救尼彩倒闭的命运。

除了质量无法保障，山寨机的安全性也存在问题，普遍电池容量在4800毫安、3500毫安，尤其32800毫安容量的电池更是创下手机行业的新高度。高容量电池和系统的兼容是三星这类大品牌都头疼的问题。对于这些超长待机的山寨手机而言，大容量的电池更是被行业称为“移动的炸弹”，其杀伤力不是一般的大。但是出事之后，消费者却找不到应该承担责任的企业，这样的投诉在网上多不胜举。

此外，还有内置收费陷阱、手机辐射高、售后无保障等问题让山寨手机备受诟病。尤其是涉及知识产权保护的抄袭问题，已然成为其他手机大品牌和政府监管部门的心头大患。因此，各地政府监管部门对山寨手机的打击也从未停止过。

根据安兔兔评测机构发布的《2017全球山寨机报告》显示，2017年全球总验机数量为17424726部，山寨机数量占比约为2.64%。其中，三星山寨机的占比最大，约为山寨机总量的36.23%；假iPhone的占比为7.72%，排名第二，这类假机通常搭载的都是Android系统；接下来的则全部为国产品牌，依次是小米（4.75%）、OPPO（4.46%）和华为

（3.40%）。

其实，2017 年国产手机厂商纷纷开始注重线下渠道的拓展和夯实，这在一定程度上也降低了被山寨的概率。随着市场监管力度加大，品牌手机的下垂，消费者体验的要求也越来越高，山寨手机的生存空间也越来越小。尤其是出口印度、东南亚等国家的山寨手机，也被全面阻击，这不仅是来自当地国家手机品牌的围剿，还有包括中国出口品牌的通力协作。

山寨转正之路

虽然有句话这样说："一日为山寨机，终生难脱离"。但山寨手机前世今生中所蕴藏的中国小企业主的智慧和生意经却没有冷却。

在当前全球经济不景气的情况下，目前一些山寨手机的生产企业要么倒闭，要么已经转型做山寨本（上网本），此外还有企业抱团合作，共同抵御来自市场的压力，其强大的整合能力，让一些国家的运营商已经主动和山寨企业签订整包运营合作协议。

山寨手机虽然受到市场挤压比较严重，但是在某些领域，山寨手机能够看到并抓住其他正牌手机所不屑的市场机会。比如有一款如来佛手机，显然是做给佛教徒使用的，还有一些是炒股专用手机、儿童专用手机、盲人专用手机等等，这些细分市场未被大牌重视，却给山寨机留下很大的空间。

此外，在营销方面，山寨机也把跨界用到了极致。比如在产品创新上，有厂商借鉴了电脑业的戴尔模式，做一些企业或者个人的定制产品，消费者可以把自己或者企业的名字做成手机品牌。不要小看这种跨界能力，它也是一种有效的创新。

在 iPhone X 刚刚推出之时，有一家叫作邦华的厂商，推出了异形全面屏系列手机—— Notch series。这款手机无论是圆润的造型、前置刘海，还是后置竖排双摄等，都与 iPhone X 如出一辙。此外它还采用后置指纹识别设计。邦华是一家成立于 1996 年的手机厂商，其经营理念是做国民首选好手机，还请来了凤凰传奇为其品牌代言。

当然，将山寨手机发展到品牌化的则以传音为代表。多年以来,传音都是中国出口量最大的国产手机品牌。

2006 年，波导手机曾经的业务员竺兆江成立了传音科技。该公司专业从事移动通信产品的研发、生产、销售和服务。在初创期，传音科技为了生存，也曾给一些印度和东南亚的手机品牌做 OEM （贴牌代工）。后来，这家在国内山寨市场存在

感较弱的手机企业，却通过出口发现了手机市场的蓝海。

传音手机能在非洲等地混得风生水起，主要有以下几个方面因素：

1. 非洲地区用电困难，而传音手机电池不但续航能力强，并且还支持快速充电。在电信商竞争的“红海”——非洲，用户常常有多张卡需要使用，而基于早先在国内山寨机双卡双待的成功经验，传音科技的 4 卡 4 待手机在非洲市场一经推出便大受欢迎。

2. 由于非洲用户的特殊肤色，他们用普通手机拍摄人像很困难。因此，传音手机专门设计了专为特殊肤色拍照的美颜技术，即使在光线不好的情况下，也能把黑肤色拍得更好。这成为传音的一项“黑科技”，也正是其在非洲市场大受欢迎的主要原因。这一核心技术，让三星、苹果、华为等不得不放下身子，去研发为专业市场推出的技术和产品。

3. 非洲用户多数对音乐非常敏感，因此，传音手机将铃声以及外放声音效果提高，这也是山寨厂商的强项。

此外，传音手机还有一项深受非洲用户喜爱的特色：传音手机后壳的板材是防弹衣材料做成，还有专门针对炎热天气出手汗厉害的防滑设计，关键是价格也很低。传音手机进入非洲后给当地社会经济发展带来了便捷的通信，实现了互助共赢，不仅手机消费者喜欢，那些广告商以及同行也都表示赞赏。

可见，传音这些无微不至的细节设计和服务创新，彻底击中了非洲人的消费痛点。可以说，传音将给非洲人民的个性化“私家定制”做到了极致。加上传音在非洲市场全覆盖式的广告宣传，以及刻意地去山寨化，甚至去中国化，传音走上国际范的高大上路线。

随着非洲市场的打开，传音获得了巨大的成功。如今，传音旗下有 TECNO、itel、Infinix、spice（印度市场）4 个手机品牌，一个手机配件品牌 Oraimo，家电品牌 Syinix 以及一个售后服务品牌 Carlcare。此外，传音在 40 个国家和地区设立了办事处，全球拥有 5 家制造工厂，手机生产制造业主要放在中国，但公司所生产的手机全部用于出口。

根据国际市场研究机构 IDC 公布的非洲手机市场调研数据，2018 年，传音依然是非洲大陆绝对的霸主，其旗下三大品牌 Tecno，Infinix 和 Itel 合力抢下了非洲功能手机市场 58.7％的份额；智能手机方面，传音以 3025 万台的出货量抢占 34.3％的市场份额（超过 1/3），排名非洲智能手机市场第一。

此外，2017 年传音手机出口超过 1.2 亿台，2018 年出口量下降为1.05亿台。这样的出口量，仍然位列国产手机企业出口前列。

经过数十年的发展，手机市场早已是一片红海，竞争激烈，而传音科技能在非洲市场从众多知名品牌中突围而出，它的秘诀是本地化、差异化、人性化，充分贴近消费者需求。而这一经验，也将为山寨手机的“转正”之路提供一条新的路径。

HANDSET 08

手机屏幕里的 App 狂潮

HANDSET 08

4G作为第四代通信技术的统称，给普通消费者生活、工作带来的最大改变归根结底就是手机上网的速度变快了，无论是从原来的文字阅读还是到视频观看，这种快速的变化所带来的应用爆发甚至业态变革，都难以简单描述。

当功能手机从2G时代过渡到3G时代后，智能手机开始普及，但手机能够满足的功能离替代PC端还有很远的距离。进入4G时代后，网速较3G时代快上数十倍甚至数百倍，人们在PC端获得的功能和体验很大程度上都不再受终端的约束和影响。这时候，基于移动互联网，无数能够实现移动实时交互的App涌现，第一波浪潮是PC端的应用转移到了手机上（IM[①]、电商），随后基于App的新产业形态出现（直播、移动电竞、移动支付等），与此同时不少以PC端为入口的业态

① IM．即时通信，Instant Messaging，如QQ。

衰落（BBS[①]），App 上的崭新世界从此正式开启。

“未来的手机将通过 App 来区分。” 10 年后的今天，在 iOS 和安卓时代，乔布斯的预测也已经成真。尤其是自这一应用平台上线以来的 10 年里，开发者从 App Store 获得的收入已经累计超过 1000 亿美元。由此，App 开创的新时代，正在推动商业发生着巨大的变革，也改变着我们的生活、生产方式，以及商业模式和商业文明。

App 狂欢

根据工业和信息化部发布的数据显示，2018 年，“我国市场上监测到的 App 数量净增 42 万款，总量达到 449 万款；其中我国本土第三方应用商店的 App 超过 268 万款，苹果商店（中国区）的 App 数约 181 万款。”[②]

这一数据增长的背后则是中国的 4G 用户数已经高达 11.7 亿户（工业和信息化部《中国无线电管理年度报告(2018

---

① BBS，Bulletin Board System. 翻译为中文就是“电子公告板”，BBS 在国内一般称作网络论坛。

② 腾讯网. 工信部数据：目前市场上监测到的 App 总量达到 449 万款[EB/OL]，2019-02-13，http://tech.qq.com/a/20190213/004569.htm.

年)》)，4G 建设已经进入了全面覆盖即将完成的阶段，与此同时 2G、3G 手机正在被加速淘汰。

应用和网络相辅相成。丰富的应用随着网络速度越来越快，能够满足的人们对信息交互的各种需求也越来越多。根据前瞻产业研究院整理的数据显示，2018 年 App 应用排名中，游戏类应用规模保持领先。截至 2018 年 12 月底，游戏类数量应用约 138 万款，数量规模排名第一，排名第二至第四的分别是生活服务类、电子商务类应用和主题壁纸类应用，应用规模分别为 54.2 万、42.1 万和 37.4 万款。金融类应用增长至约 14 万款，较年初增幅超过 20%。社交通信领域新上线应用数量占比居各领域前列，子弹短信、短视频社交、匿名社交等新业态引发了社交通信领域新一轮创新浪潮[①]。

此外，市场研究平台 AppAnnie 发布的《年度移动发展情况报告》显示：2018 年全球整体 App 下载量已经突破 1940 亿次，比 2016 年增长 35%；各应用商店的消费者支出增长了 75%，总体高达 1010 亿美元。其中，非常值得关注的是，中国成为全球移动应用（App）下载量最大的国家，在 iOS 和第

① 搜狐网. 2018 年中国互联网行业发展概况分析融合经济发展支撑作用显著加强 [EB/OL], 2019-02-01, http://m.sohu.com/a/292822555_473133.

三方商店中占2018年总下载量的近50%。2018年，中国消费者也占应用商店消费者支出的近40%(约404亿美元)。

面对如今手机上琳琅满目的App，和电脑上越来越少的客户端，不少手机消费者可能已经想不起几年前的世界是怎样的了。4G时代，随着网络速度和智能手机硬件、芯片的快速升级迭代，各类丰富的应用不断被开发并加载到人们的手机上，甚至从手机终端上延伸出来，充斥着我们的生活。4G，更像是一场App的盛宴。

不妨回头翻一翻自己的QQ空间，会发现那里已经好久没有人访问过了，可是3天不开微信或者朋友圈——虽然几乎没人能做到，那里应该有无数条内容的更新和还没来得及查阅的点赞。

图8-1 智能手机中出现许多不同功能的APP

在这个时代里，各类APP你方还未唱罢，我方已然粉墨登场。

而这一切的演变，整体而言源于移动互联网的网速不断提升、费用持续下降之后，PC端功能向手机端的迅速转移和升级。

早在3G时代，人们的手机数据

包传输已经开始依赖蓝牙，插 USB 的功能机也大多换成了可以实现移动社交的智能手机。在不快不慢的 3G 网速和昂贵的流量套餐限制下，一些人们在 PC 端使用较多的、基于图文社交的 IM（即时通信）App 率先涌现，例如手机版 QQ、手机版人人网等。

这是商业时代的产物。在最初的尝试中，市场多会选择确定性较高的产品。而 PC 端已经培养成功并符合技术要求的应用产品，成为第一波从 PC 端向手机端“转移”的应用产品。

回忆一下那个时代，人们虽然可以通过手机移动版网页上网，进入页面时还是普遍会选择手机版的“去图去视频”浏览模式。人们也会用手机看视频，但往往会选择有 WiFi 的时候。手机 QQ 的样子和 PC 端长得差不多，但手机在线时，如果有人发太多动图，人们就会生气地吐槽：“流量不要钱吗？”而多人在线的重度游戏则只能在 PC 端玩。

这很好地说明了一方面在 PC 时代人们已经显示出不少基于网络的需求；另一方面，彼时移动网络速度和流量资费仍然对应用的开发存在限制，更大数据量的应用无法实现快速上传和下载，PC 端的功能转移有些可以被实现，有些短期内还不能。

这时候，培养了深度用户群体的 IM（即时通信）和电子商

务应用已被各国市场瞄上。这类应用不仅用户基数大，且在用户日常生活中使用频率最高，市场非常成熟。同时，IM 类的 APP 以及诸如淘宝在内的电子商务应用，其主要图文传输的需求所指向的通信带宽门槛较低，技术障碍较小。没有人会拒绝在这个时候将其挪到手机上。由此我们可以看到，微信、Facebook、LINE 这类布局越早的移动 IM 应用，在这一波功能转移中越能紧密地链接手机消费者，其市场占有率也就越高。

电子商务类应用的情况也是如此。2013 年全年，阿里的移动端商品交易额达到 2320 亿元，占平台总交易额的 15%。2014 年年底，其手机端销量占到总销量的一半，2015 年移动端交易量达到 81.5%。

不过，对于这一场 App 浪潮而言，除了 IM 类应用获得得天独厚的发展机遇外，另一些对于流量占用不太大的 PC 端应用也打造了移动端入口，但它们却活得没那么好。这时期的此类 App 更像是 PC 端应用的“增加项”，而不是主要接口。这在企业 App 上体现得更为明显。例如证券公司虽然推出了手机交易应用，但成交下单仍然主要来自 PC 客户端，只有少量北、上、广地区的用户开始采用 App 下单。

同时，这种带宽的限制在游戏 App 的发展上更为明显。

2012 年手机游戏爆发，但当时最受欢迎的榜单中有 8 成都是单机游戏。如果你还记得《愤怒的小鸟》和《神庙逃亡》，那你不会对这个数据感到陌生。而在 PC 端，具有社交功能的网络游戏、网络竞技游戏例如《英雄联盟》正在横扫世界。

这意味着还有下一波随着通信基建提升而带来的爆发，正在等着应用市场——到了 4G 时代，这种带宽的限制突然被打破了，一大波以视频直播、移动游戏为代表的应用如潮水般涌来。

先从 4G 建设快速推进的 2015 年到 2017 年移动应用市场数据来看，在 2015 年至 2017 年的短短 3 年间，中国移动应用市场的总销售额增幅达到 250%，中国用户在移动应用中的总消费额达到 110 亿美元，市场规模继续位列世界第三，同时是全球增长速度最快的市场[①]。

从这期间移动应用的主要类型变化来看，移动终端的优先使用率呈现升高的趋势。随着移动网络速度的提升，让人们感觉不到 PC 和手机在网络接入时的明显区别。许多用户已经完全跳过了台式机阶段，因此，移动设备事实上成为这些市场的首选终端设备。

① 数据来自移动市场分析机构 App Anni 2017 年的全球 App 市场回顾报告。

数据显示，智能手机用户使用原生 App 的时长是移动浏览器的 7 倍，使用频率为其 13 倍。基于此，曾经依靠手机 web 接入的网页游戏直接过渡为 App，手机单机游戏时代开始衰落，手机网络游戏时代正式开启。可以看到，2017 年最畅销游戏排行榜上广受欢迎的两款游戏《王者荣耀》《天堂 2：革命》均为大型多人在线游戏。同期，随着移动网络速度的翻倍而加快，曾经以在线为主的视频应用受到实时直播的冲击。诸如映客、斗鱼、快手、抖音等拥有社交功能的视频软件让曾经的 IM 巨头如临大敌。

除了网络速度打破的壁垒外，在 3G 时代的第一波应用浪潮爆发下积累的数据，让移动互联网与大数据技术深度结合，大量的业态改变开始出现。其中 O2O[①] 的爆发，成为这个时期最为强劲的风口。

实际上，早在 2013 年就有大量投资机构论断，随着智能手机、3G/4G 网络的普及，驱动移动互联快速兴起，未来以供应链为基础的 O2O 双线融合是必然趋势。在随后的几年中，这一预判不断被论证，市场甚至将 O2O 的兴起称之为第四次零售

---

① Online To Offline. 线上到线下，这里并不是指电子商务，而侧重于泛指基于信息中介 App 的商业模式。

革命。

虽然 O2O 最早在 PC 端以分类信息网站出现，例如团购网，但其爆发是在智能手机终端大面积覆盖和移动网络的加码下，消费较 PC 时代更为大量地集中在线上，消费相关数据全面爆发。商户与消费者、消费者与消费者，甚至商户与商户之间的信息壁垒被打破，大量的消费数据积累后，拥有数据资源的平台可以对消费者进行画像，在广告投放、信息分发时，将实现精准化。消费者体验的相关数据承载的价值达到了前所未有的高度。

以大众点评或口碑 App 为例，消费者在线下用餐后，通过 App 对其服务进行实时点评，当下一位消费者前往时，打开这款应用，将能看到前者的评价。这一评价将为其消费行为提供参考，甚至直接左右其消费行为。同时，消费者大量的消费行为被记录后，经过数据的深度分析，相关平台将会根据消费者的消费偏好和水平推送相关产品。这几乎重新构建了营销和零售的形态。例如，拥有大量基础数据和相应算法的大众点评和美团外卖，通过算法和数据交互的滴滴打车，都成为这个时代改变人们生活、甚至产业形态的应用。

在 2015 年，涉及外卖、旅游、打车、共享单车甚至二手房交易等生活服务全场景都确立了两到三家 O2O 龙头企业。而

近年来，这些龙头随着并购、融资和股权转让，不断被 BAT 这三家巨头分食，这意味着数据资源再度向互联网巨头集中。

这还只是开始，随着前两波 App 浪潮的袭来，数据量成非线性指数型增长，大数据技术、人工智能快速发展，手机 App 的功能扩展已经展现了“联结万物”的蓝图。回头去看，以阿里系与腾讯系为核心的互联网生态圈中，已经吞下的 O2O 寡头即将发挥作用。其来自手机应用端的大量数据将成为巨头们在未来建立多产业、全链条完整分销体系的基石。而这意味着，目前第三产业（服务业）为主的手机 App，未来将向第一产业、第二产业（农业、工业）扩展。

这听起来不太容易想象，但我们在此或许能提供一种比较容易理解的画面：在汽车装配车间，车间主任手机上实时收集有数据信息的配件装配动态，而这些数据将与汽车购买者手机 App 上的数据进行共享，汽车厂商不仅能知道哪个地区的消费者喜欢哪种车型，更能知道消费者的购买力、购买意愿。而在田间地头，农户在手机上实时操控灌溉系统、了解种植信息，收购商分享这些数据的同时获取消费者的信息，因为市场信息不对等而造成的供给失调将会因此减少。

这并不遥远，不是吗？

直播 App 新生态

当公众被那些从没有听过名字、从未登陆过主流媒体的网红主播们月赚百万的新闻刷屏时，直播 App 对这个时代带来的影响已然不言而喻。

艾媒咨询在 2018 年初、2019 年初分别发布的《中国在线直播行业研究报告》显示，2017 年，中国在线直播用户规模达 3.98 亿人，增长率为 28.4%；2018 年中国在线直播用户规模达 4.56 亿人，增长率为 14.6%，预计 2019 年在线直播用户规模达到 5.01 亿人。在市场规模方面，直播市场规模已经超过了付费视频市场规模。2017 年的直播市场规模为 432.2 亿，相比 2014 年增加了 7 倍。

究竟是什么吸引了如此之大的受众群体？

从研究上，投资机构惯常以终端的不同把直播分为几个阶段，从电视端到 PC 端再到移动端。而传播业界则以其功能不同来划分，例如会议直播、赛事直播、游戏直播。但没有人否认目前充斥在应用商店中的手机直播 App，已然集成了所有阶段的直播模式，并承载了以往直播的所有功能，还在不断衍生出新的业态。与以往相比，目前在 App 中最受欢迎的直播类别分别是

图 8-2 由于手机网络的提速，出现了可以使用手机观看的直播行业。

以斗鱼、虎牙为主的游戏直播 App，以六间房为代表的美女唱跳、秀场直播 App，以电商平台为主的购物直播 App，以及以抖音、快手为主的生活记录、分享等泛娱乐为主的直播 App。

究竟直播何以吸引了如此之多的受众？又是什么带来了直播爆发式的增长？

这就不得不提到弹幕互动。最早，弹幕是从在线视频网站上流行起来的。从日本 niconico 视频网站到国内的 A 站、B 站（AcFun、bilibili）[①]。网友们可以实时将对视频的评论叠加滚动在视频上，大量带着网友智慧和情绪的实时评论实现了与视频内容的互动。当这个功能更进一步地引入到直播领域，一直以来电视、PC 端无法与非现场观看者深入互动的问题得

① A 站：AcFun 弹幕视频网．成立于 2007 年 6 月，取意于 Anime Comic Fun，是中国大陆第一家弹幕视频网站。B 站：哔哩哔哩（bilibili）现为国内领先的年轻人文化社区，该网站于 2009 年 6 月 26 日创建，被粉丝们亲切的称为“B 站”。

到了解决。由此，形成了一个评论者与主播、主播与评论者、评论者与评论者之间多向的互动体系，也是手机作为直播终端形成的新生态。

弹幕的加入，让吸引观众的内容变得更加丰富了。技术不过关但吐槽能力 100 分的主播可以吸引关注，口条不顺但颜值 100 分的主播也可以吸引关注，而幽默的弹幕本身也同样会引来关注。例如我们经常会看到弹幕对有趣的评论喊“前面别走”，对极端的弹幕展开“请学习弹幕礼仪”的教育。

再进一步，弹幕甚至可以主导直播内容。在引入打赏功能的弹幕直播中（这种弹幕并非一句话，其多见于：某某打赏主播一定金额时，用户的手机屏幕会被跑车的酷炫特效霸屏），因为有着利益的驱动，主播往往会迎合金主的口味。例如，美女主播穿着相对暴露时，如果吸引的某类型观看者更多、打赏相应增加，那么不排除其他主播进行模仿甚至超越，一旦这种驱动形成，那么下限将被不断突破。由此，造成的连锁反应是，在这种打赏机制中，直播平台上“换衣门”“掉裙门”频频出现，屡禁不止。

不过对于这类“xx 门”，弹幕模式并不能为其“背锅”。实际上直播行业的产业形态是根据客群定位来划分的。简单来说，主播是产品即内容的提供方，平台是内容的运营商，广告主、观看用户等为客户群体，因此业内催生了一个词叫“甲方爸爸”。当直播平台以愿意为色情付费的用户为客群时，其内容将偏向灰色地带。当直播平台以机构广告主为客群时，它将以针对的广告主需求提供内容。例如淘宝直播中，卖产品如服饰、美妆的商家，对应的直播内容是试穿、搭配、美妆教程。游戏公司投放的直播中，游戏试玩是其主要内容。

目前来看，基于toB[①]的直播正在崛起。一方面这在于监管的加入，2018年6月国家新闻出版广电总局封禁直播喊麦主播，并拟推出直播用户实名制，同时网信办也下发《互联网直播服务管理规定》。像封禁喊麦主播的规定，直接导致秀场直播受到冲击，色情、低俗、暴力的内容成为平台的雷点；另一方面，快手、抖音等短视频APP异军突起，其内容实际上与秀场直播存在同质化，在内容缺乏突破的情况下，用户容易产生审美疲劳。同时，大量IT巨头涌入直播行业，例如腾讯杀入游戏直播，其背后强大的电竞赛事版权资源让不少游戏直播平台背后发冷。而龙头平台如虎牙、斗鱼，一家实现了上市，一家再度完成融资，游戏直播行业竞争加剧，资源向头部集中。

至此，只是靠脸、卖萌、露肉就可以有大批打赏的时代将

① toB是面向企业．toC是面向用户，即直播业务面向的客户群体不同。

逐渐过去。对此，艾媒咨询分析师认为，“在线直播平台发展进入下半场，直播生态体系建设成为平台新的突破口。‘直播+’模式推动直播平台向产业链各端渗透，促进平台内容创新和产品创新。”[①]

中国第三方移动支付领跑全球

2016 年，笔者到西部一个较为偏远的区县出差，走得急，忘记了带钱包。十天后，没有一分钱现金和没有一张银行卡的笔者安然归来。笔者是怎么支付所需的差旅费呢？答案不言而喻：那一年中国第三方移动支付交易规模达到 58.8 万亿元人民币，环比增长 381.9%[②]。

曾经中国的移动支付场景主要集中在商超和银行 POS 机刷卡消费上。其规模相对较小，曾有媒体对此诟病，认为相较欧美发达国家，移动支付在中国以小商贩构成的消费场景里推进缓慢，移动支付市场远远落后。

① 艾媒网. 艾媒报告 | 2017－2018 中国在线直播行业研究报告［EB/OL］，2018－01－25，https：//www.iimedia.cn/c400/60511.html.

② 艾媒网. 2017 中国第三方移动支付行业研究报告［EB/OL］，2018－04－23，https：//www.iimedia.cn/c400/61209.html.

但事情在2014年发生了变化。谁也没想到手机竟然成为破解这个难题的钥匙，甚至最后在移动支付领域中国开始领跑欧美国家。

2014年的“双12购物节”格外不同，它被认为是一场移动支付行业爆发的圈地运动。当年12月，支付宝钱包扫码支付正式向华北地区开始规模化推广，华北地区大量商超若使用支付宝付款将能享受5折到9折的优惠。与此同时，腾讯旗下的滴滴出行开始向用户大规模发放打车券，以此进一步推广微信支付，尤其是春节期间微信红包爆红。 在支付市场上，微信地位发生了根本性转变。而同一时间，国内八大银行正在测试基于苹果手机的Apple Pay。

几乎所有的机构都把目光投向了手机。这一年，又被称为4G元年，三大运营商的4G网络建设正式铺开。2014年年底，三大运营商累计建设4G基站达到70万个，4G用户规模超过9000万户[①]。

随着4G覆盖的推进，支付宝、微信也相继展开了对各个地区和消费场景的攻城略地。2015年到2016年间，支付宝主

① 电子产品世界网站. 2014年中国LTE/4G产业发展回顾与展望［EB/OL］, 2015-02-13, http://www.eepw.com.cn/article/269924.htm.

要以铺设 POS 机的逻辑构建商户体系，同时以“双 12”线下支付打折活动为主推广市场，拥有高流量的商超仍是移动支付的最爱。但微信截然不同，它基于微信扫码功能，延展出了支付端口。付款不是由商户通过 POS 机获取消费者信息完成支付，而是消费者主动扫码获取支付入口完成支付，这一不同大大减轻了商户的成本，让微信拿下了消费场景里最为庞大的小商贩、小摊主（长尾用户）。“扫一扫”也就此成为日常消费的重要渠道。

图 8-3　4G 网络建设正式铺开，手机支付越发快速便捷。

以更加便于理解的场景来看，软件园楼下，推着煎饼果子、豆腐脑、凉面、凉粉、卤鸡蛋的小商贩们是掏不出 POS 机的，但他们的车头上或者自己的脖子上挂着带有微信二维码的塑封牌子，程序员们欣然拿出手机，一扫，拿上早餐快乐离开；菜市场里，摆着萝卜青菜西红柿、猪肉牛肉鸡鸭鱼的摊贩也掏不出 POS 机，但买家没带现金的时候，也会欣然一笑，直接扫一下菜摊上摆放的收款二维码即可，然后旁边的扩音器就会响起收到钱的提示音。

根据咨询机构艾瑞发布的报告，正是攻陷了这一长尾市场，2017 年第三方移动支付规模达到 120.3 万亿元，年增速 100%，阿里旗下的支付宝和腾讯旗下的财付通两强格局稳定，合计占有移动支付市场份额达 94%。2018 年，中国第三方移动支付交易规模达到 190.5 万亿元，同比增速为 58.4%。第一梯队的支付宝、财付通分别占据了 54.3% 和 39.2% 的市场份额[①]。

在此数据下，留给其他机构的空间只剩下百分之五六。这意味着，双强局面背后，曾经打算借苹果手机 Apple Pay 分享市场的银联已经难以翻盘。同时，细分领域的机构开始布局垂直场景，例如成都的天府通 APP，主打公共交通系统的手机支付。又比如中国电信的翼支付则主打话费乃至运营商体系类的手机支付。

2017 年日本社交网站上一篇《中国非现金社会飞速发展已超乎想象》的文章，引发了不少日本网友的评论，其中多是难以置信的感叹以及对本国移动支付局面担忧的内容。同期，西方媒体也对这一现象给予了极大关注。曾经被诟病无法拓展的

① 艾媒网. 2017 中国第三方移动支付行业研究报告 [EB/OL], 2018-04-23, https://www.iimedia.cn/c400/61209.html.

移动支付市场，在手机终端的普及下，短短 3 年发生了翻天覆地的变化。

“在移动支付行业，我国走出了一条具有中国特色的道路。在欧美、日韩等发达国家，信用卡体系成熟，第三方移动支付面临强势的卡组织、银行等金融机构，以及严苛的监管，发展颇显吃力。相比之下，中国的信用卡机制不够健全、使用不够便捷，互联网公司依托庞大用户基础、利用技术优势，积极探索支付机会。结果，今天的中国市场在移动支付用户规模、交易规模、交易场景的丰富程度以及渗透率方面，都遥遥领先于发达国家。”国金证券分析师裴培在其《第三方移动支付：市场规模达到 120 万亿，还有哪些新玩法、新看点？》的报告中提到。

不过，让消费者可能有些苦恼的是，目前移动支付开始为巨头们贡献业绩了。2017 年支付宝和微信都明确了提现收费的规则。普通手机用户大额款项的流转重新开始回到银行卡，这是不是银行的机会还难以论断。只是笔者结婚收到了好多微信红包，在提现的时候，手续费还是让心狠狠地疼了一下。

此外，随着移动支付消费场景强大的渗透力，人们对现金的存取和使用频率越来越低，甚至笔者有时候钱包装 1000 元现金，在一两个月时间里都支付不出去。享受便捷的同时也带来一种弊病：比如一旦发生地震、洪涝灾害等大型灾难或者大面积停电的事故，导致整个城市的手机网络瘫痪，将对移动支付造成致命的打击。习惯于移动支付而没有现金的消费者，要去银行兑换否则将面临无现金可用的窘境。

在 2018 年 9 月 6 日发生的日本北海道强震就引发了大规模的断网断电，札幌市瞬间成了“黑暗之都”， 195 万名居民涌入超市和便利店购买生活物资。但是对于没带现金、平时仅用手机支付的部分灾民来说，实实在在地感受到了有钱也买不到东西的尴尬。由此，也引发了日本民众对移动支付的一次集体吐槽。对于中国城市乃至于农村习惯于移动支付的人群来说，在钱包里或者家里放一些现金才是应对这种窘境的有效预案，最不济在手机没有电时也可以渡过难关。

HANDSET 09

一个“苹果”引发的行业革命

2011 年，一名 17 岁的安徽高中学生为了购买一部昂贵的苹果手机和刚刚问世的 iPad2，卖掉了自己的右肾。

2018 年，这个 1 米 9 的高个儿少年已经 24 岁。切除右肾的伤口依然横亘在他的腰腹部，右肾缺失导致肾功能不全、三级伤残的痛苦还将伴其一生，一如那个被咬了一口而残缺的苹果公司 logo。

这是商业社会刺激消费物欲的极致表现，也是消费者为“苹果”疯狂的最残酷佐证。

迄今，人们仍是常常把苹果手机称作“肾机”。“肾”这个人体器官和商品消费画上了等号，以一种惊悚的方式时时刻刻地提醒着人们苹果产品的昂贵。但同时，它也在暗示着苹果产品让人难以抗拒、为之痴狂的吸引力。

究竟是什么给了“苹果”这么大的魅力？ 市场曾经给过无数种解释。例如外观、例如操控、例如系统、例如生态圈。但

这实在太分散。笔者愿意给一个更准确的原因来解释人们对苹果的爱。那就是：革命性。所以，这也是笔者专门用一个章节的内容介绍苹果手机的原因。

在2007年，当乔布斯拿起第一款苹果手机说到“iPhone是一款革命性的产品”时，苹果和手机技术革命画上了等号。从此，每当乔布斯穿着T恤走在舞台上，开启的总是技术的狂欢，创新的盛宴。人们从第一款按装触屏的初代iPhone问世起，就在这家电脑起家的公司身上看到了前所未有的颠覆性，手机第一次承载了让人充满想象的未来感。

在《手机改变未来》一书中，作者李祖鹏如此写道，“人们提前四天安营扎寨，准备抢购，这种盛况只能用疯狂来形容。iPhone是如此让人着迷的高科技时尚产品，它几乎聚集了无线通信、照相、商务处理、媒体播放等各领域最先进的功能，它的多点触摸屏、距离感应器、重力感应器等新技术和它突破性的、人性化的操作界面完美结合，创造了前所未有的客户感知。它强大的功能、时尚的外形、唯美的设计、方便的体验以及独特的3.5英寸触摸屏，如此杰出的客户体验，让iPhone在客户眼里，不再是一个产品，而是最前沿的科技文化，是天才的创新精神！”

回顾当时，虽然三星手机也推出了触屏手机，但无论是在商业包装还是技术革新上的“想象力”，都远逊于苹果。黑莓的创始人、负责工程的联合 CEO 迈克·拉扎里迪斯（Mike Lazaridis）在 iPhone 发售后不久便自己动手拆了一部，他得出的结论是：“他们把 Mac 电脑放了进去”。

从初代 iPhone 开始，苹果就以一个先驱者的形象点亮了智能手机时代。手机不再是增加色彩、增加摄像头、增加音乐播放功能的层次迭代，而是完全打开了另一扇门，成为完全不同、跨维度的智能终端。

这种饱含冲击力的印象是惊人的。以至于乔布斯那一场发布会的样子，T 恤、牛仔裤、PPT，都成为此后创业者、IT 圈的一个模板、一种制式。他们以穿成“乔布斯那样”、表现成“乔布斯那样”来树立自己作为创新型企业和创始人的对外形象。就算是在中国，我们也能看到雷军、罗永浩，甚至长虹集团的董事长赵勇，都不约而同，甚至无意识地从苹果身上、乔布斯身上汲取养分。他们喜欢被媒体称为中国的雷布斯、赵布斯，当他们以这种形象出现，人们仿佛看到了他们想要成为中国手机行业、中国家电行业乃至整个中国科技革新者的野心。

非凡之人造就非凡产品

苹果的成功，和其“当家人”乔布斯有着极其紧密的联系。一个天赋超群的创业者，一个步步为营的企业家，这位被业界“封神”的人物逝世后依然毁誉参半。一方面，科技圈的创业者为其性格里近乎偏执的完美主义、近乎固执的犀利野蛮所着迷；另一方面，乔布斯的家人、同事对他却很少有温暖的回忆。他是天才，也是“暴君”。然而，正是他的野蛮、偏执，让苹果充满了革新性、未来感，以及对性能细节的极致追求，让这家公司在科技行业里拥有绝对的攻击和防卫的能力。非凡之人造就非凡之物，乔布斯和苹果或许就是这句话的最好诠释。

在其唯一授权的官方传记里，史蒂夫·乔布斯依然不是一个有较高“家庭感”的男人。1955 年 2 月 24 日，乔布斯生于美国加利福尼亚州旧金山。他的亲生父母是未婚先孕，由于双方家庭的关系，乔布斯的母亲将其托付给别人收养。为了乔布斯的未来，她开出了收养人必须是大学学历或者必须让乔布斯上大学的条件。虽然养父母深深地爱着乔布斯，但没有生长在原生家庭的乔布斯，性格中叛逆的一面伴随了他的一生。

乔布斯的养父母有着较好的生活条件和教育理念。1961年，他们全家搬到了加州，住在不错的街区，附近有着不少工程师邻居。在这段时间里，乔布斯的养父在他的车库里为儿子建造了一个工作台，以“传递他对机械的热爱”。在这样的耳濡目染下，10 岁的乔布斯对电子产品产生了浓厚的兴趣，并结交了许多住在附近的工程师。

然而，在学校里的乔布斯却很难和同学融洽相处，也常常挑战老师和学校的规则，期间还被停学几次。但他的养父从未训斥过他，而是指责学校没有给他聪明的儿子足够的挑战。这种自负和聪慧，在乔布斯很小的时候就显现出来。到乔布斯 13 岁时，他在惠普进行了暑期打工，这使他更加确定了自己对电子项目的热爱。

在此期间，他的第一个好友，一个同龄的电子产品爱好者比尔・费尔南德斯(Bill Fernandez)将乔布斯介绍给了 18 岁的电子能手史蒂夫・沃兹尼亚克（Steve Wozniak）。这次命运的邂逅，让乔布斯和沃兹尼亚克的人生从此不同。根据公开的报道和《乔布斯传》中的描写，这两个“天才”年轻人经常会做一些颇有创意的恶作剧，例如 1971 年沃兹尼亚克和乔布斯受黑客启发，发明了一款可以免费拨打国内外电话的“蓝盒子”，而这只是他们给梵蒂冈教皇打“恶作剧”电话的工具。

不过，当乔布斯决定出售“蓝盒子”时，这款“恶作剧产品”受到了热烈追捧，在很短的时间内卖光了100套。乔布斯说，如果没有蓝盒子，就不会有苹果。他说，这表明他们可以打败大公司。

值得注意的是，乔布斯的青春期贯穿了整个美国20世纪60年代的嬉皮士（Hippie）运动。如果您对那时候的美国电影、音乐有所了解，那一定能理解嬉皮士精神中彻头彻尾的叛逆风格——对生活叛逆，对文化叛逆。极大一批年轻人蔑视传统、反抗主流文化，与主流社会决裂，他们展现出可以被称之为离经叛道的生活方式，崇尚新锐独特、提倡非传统宗教，反对战争、反对民族主义。而这种社会的基调也深深地烙印在乔布斯的灵魂中。

1974年，叛逆的乔布斯辍学了，期间周游印度，学习禅宗。最终，19岁的乔布斯加入了第一家电脑游戏机厂商雅达利（Atari），找到一份设计电脑游戏的工作。看过电影《头号玩家》或者是爱玩游戏的读者，对雅达利的名字一定不会陌生。虽然关于在雅达利的工作说法各有不同，但彼时作为“敲门砖”的游戏《乒乓》单机版本，确实是雅达利的创始人、被称为“电脑游戏业之父”的诺兰·布什内尔（N. Bushnell）设计的。

1975 年，乔布斯和沃兹尼亚克参加了家用电脑俱乐部（Homebrew Computer Club）的会议，这是苹果第一台电脑开发和营销的垫脚石。一年后，沃兹尼亚克设计并制造了 Apple I 电脑，乔布斯建议出售这个产品。随后他们在乔布斯家的车库里成立了苹果电脑公司。这一年乔布斯 21 岁，沃兹尼亚克 26 岁。一年后，两人因苹果二代(Apple II)而名利双收。苹果二代是首批大规模生产的极为成功的个人电脑之一。

这时的乔布斯，已经形成了如今备受科技圈推崇的毛衣、牛仔裤加运动鞋的风格。他说这是因为它们的日常便利性以及容易形成个人名片的功能，由此这样的装束也成为 IT 业从业者的标配之一。与此同时，苹果公司的成功让乔布斯和他大学时期的女友关系开始疏远，而女友的怀孕更是让两人的关系迅速跌到谷底。乔布斯在这一阶段展示出的冷酷，也在日后备受诟病。

当然，私德从来不是评判企业家成功与否的秤杆。乔布斯拒绝承认他有一个女儿的事，让彼时 25 岁身价就超过 2.5 亿美元的他，成为“有史以来最年轻、且没有财产继承人的福布斯富豪”。

到了 1984 年，苹果推出了基于 Apple Lisa（和乔布斯女儿同名，但项目并不成功）的 Macintosh，不过昂贵的

Macintosh 还是很难卖出去。苹果公司与微软展开了激烈的竞争，在此背景下，1985 年，主导项目的乔布斯在与苹果董事会，以及当时的首席执行官约翰·斯卡利(John Sculley)长期的权力博弈中败下阵来，被认为傲慢自大、难以相处的乔布斯被迫离开苹果。他的“战友”沃兹尼亚克在卖掉了他的大部分股票后也离开了，并声称公司“在过去五年里走错了方向”。

同年，乔布斯带着一些苹果的成员创立了 NeXT，这是一家专门为高等教育和商业市场开发电脑的电脑平台开发公司。这一年，乔布斯与女儿的关系有所好转。此外，在 1991 年，乔布斯与相识于斯坦福大学的劳伦·鲍威尔（Laurene Powell）喜结连理，俩人之后育有 3 个子女。

而苹果公司，则在乔布斯离开后，开始走向“作死”的深渊。缺乏创新能力、缺乏行之有效的营销能力，在不合时宜的项目上投入太多、太久，苹果不再是给消费者以冲击、兴奋的标志。到了 1997 年，苹果公司濒临破产。

这时候，乔布斯选择了回归，就像回归到久别的家一样，他带领着 NeXT 公司与苹果进行重组。1998 年 3 月，为了集中精力恢复苹果的盈利能力，乔布斯于 9 月正式被任命为临时首席执行官。几乎是立刻的，他终止了牛顿、赛博狗和 OpenDoc 等多个项目。随着对 Next 的收购，公司的大部分技术都进入了苹果产品，尤其是 Next 开发的 NextStep 操作系统，后者演变成了 Mac OS X（即苹果公司为 Mac 系列产品开发的专属操作系统）。在乔布斯的指导下，随着 iMac 和其他新产品的推出，公司的销售额显著增加；从那时起，吸引人的设计和强大的品牌形象对苹果起到了很好的作用。在 2000 年的 Macworld 博览会上，乔布斯“临时首席执行官”的“临时”二字被彻底扔掉，他就此成为苹果的永久 CEO。

在乔布斯的治下，iMac、iTunes、iTunes Store、Apple Store、iPod、iPhone、App Store 和 iPad 等系列产品相继推出。2003 年，乔布斯被诊断出患有胰腺神经内分泌肿瘤。2011 年 10 月 5 日，56 岁的他死于与肿瘤相关的呼吸骤停。

不久后《史蒂夫·乔布斯传》出版。这是乔布斯唯一授权的官方传记。实际上，在乔布斯生命的最后日子，除了医生、家人外，该书作者沃尔特·艾萨克森（Walter Isaacson）是乔布斯少数会见的几个人之一。最后一次采访结束时，艾萨克森曾忍住内心的悲伤问乔布斯，他 20 年来注重隐私、拒绝媒体，为何在过去的两年里，为了这本书，对自己如此坦诚相交。乔布斯回答说：“我想让我的孩子们了解我，我并不总跟他们在一起，我想让他们知道为什么，也理解我做过的事。”

这个世界上，并没有谁完美无瑕，乔布斯也同样如此，这

就如同苹果公司的logo——那个被咬了一口的苹果。或许正是基于他性格里的不完美，才造就了苹果这样伟大的公司。苹果的产品中无一不体现着乔布斯对技术的执着、创造的偏执，甚至还有自负的决断和野蛮的勇气。乔布斯虽然离开了，但是他的精神却在苹果、在科技圈、在创业圈被无数后人所敬仰和学习。或许，这就是乔布斯赋予时代的意义。

在2014年10月30日，53岁接任乔布斯的苹果CEO蒂姆·库克（Tim Cook）在《商业周刊》网站发表文章正式“出柜”引发关注，库克首次公开承认自己是同性恋，并表示“为身为同性恋者感到很自豪”。这也引发了人们对乔布斯、对苹果公司的重新审视，但正如库克在他的声明中所言：“我非常有幸在这家公司工作，他们喜欢创造力和创新，他们知道，只有接纳人们的多样性，公司才能蒸蒸日上。并非每个人都像我这样幸运。”

商业模式革命

当乔布斯和苹果，以科技文化精神领袖的模样站在了神坛上，iPhone本身的革命性掩盖了苹果公司背后“骄傲”“强势”的运营模式。而这种源自于乔布斯性格特点的、略带野蛮的商业逻辑，更值得被称为“革命”。

在苹果进入智能手机行业之前，市场格局呈现出崇尚分工合作、利益均沾的特点。手机产业链被芯片供应商、操作系统开发商、软件开发团队、手机设计公司、配件供应商、手机装配公司分割成6大板块。手机厂商可以与这6大板块中的任一一家合作，以获得自己手机产品的相关组件乃至生产流水线，这也是现代工业分工的专业性体现。

彼时的智能手机生产大都采用这种模式。高通或是联发科的芯片，Windows phone 或是安卓的系统，中国台湾或者欧洲的设计团队，随便哪家代工厂的电池，台湾或者大陆的流水线，任君挑选。而越廉价的产品，其生产的模式分散性越强。

这和女士在购买服装时的感受异曲同工。款式的设计团队不详、制衣厂不固定、最后贴上自己的牌子，这样的衣服被称为“地摊货”。但是一旦某个品牌，其衣服材料来自专属定制的布料，样式来自自己的设计师团队，就算其他部分分工合作，它也可以大大方方被称为“商场款”。

iPhone 显然也是这样，和 LV 一类的昂贵服装大牌一样，有自己的“老花皮料”——iOS 系统，有自己的设计师——伊姆兰·乔德里甚至乔布斯。苹果还大量投资配件厂商，例如全球玻璃制造巨头康宁等，以保障其工艺和质量；富士康则在全球

多个地方尤其是中国大陆，建设了诸多的厂房为苹果进行代工生产。当然，富士康代工模式引发的争议一直不绝于耳，甚至于影响到当前80、90后产业工人的心理结构、地方经济发展和产业布局。当然，这些都是后话了。

这只是一个方面。在上述市场格局和商业逻辑下，在iPhone之前的智能手机生产厂商以及品牌企业，都是愿意共享标准和规格的。打个比方，你购买的HTC手机数据线插到我三星的手机上一样可以使用。这种共享的逻辑非常流行，乃至于到后期毫无关系、完全不同的电子产品数据线也可能通用，好比索尼的微单数据线可以用在kindle上，由此也形成了一种行业的潜在标准，就像USB接口一样。

但是乔布斯选择了完全不同的路径。这当然和他是一个“固执孤傲”的人有关，当他将这种“个性”运用到商业战略上时，产生了格外惊人的效果。可以看到苹果旗下的硬件大多无法和其他产品实现兼容，但是他可以和苹果系内的其他产品兼容。这分为两个方面，一方面是硬件通过相关配件与其他产品做隔离。例如，iPhone的数据线可以用在iPad上，但是无法用在苹果系外的任一产品上。苹果笔记本的充电器也是如此。

而这种配件不兼容的现象在电子制造企业相对常见。例如索尼在 TF 卡（即快闪存储器卡）盛行的时候，却非要自主开发记忆棒，而这种记忆棒可以用在索尼系内的大量电子产品中。人们原本不理解，但后期发现，首先记忆棒本身就会带来利润。例如苹果在其数据线上就进行了加密，其他厂商“山寨”的数据线难以在苹果产品中得到“通行许可”，这保证了数据线也是苹果的独家生意之一。

另一方面是苹果旗下的硬件通过系统与其他同类品牌做隔离，并且形成生态圈。分开来看，就系统的区隔而言，苹果电脑的系统是唯一的，它只配适于苹果电脑，其他品牌的电脑无法安装苹果系统。如果非要安装，则需要通过虚拟机等非常复杂的迂回手段实现，而即便这样还会降低电脑本身的性能。这种一一对应的关系，首先极大地释放了硬件的优势，因为系统之于硬件相当于“定制”。其次，当用户习惯这个系统后，将很难转向其他硬件厂商。打个比方，当你习惯了 Mac 系统，你只能继续选择苹果电脑而不是戴尔、惠普、联想。但是无论你有多么喜欢戴尔上的 Windows，这也不会阻碍你之后置换或者升级电脑时换上惠普。

iPhone、iPad 也是如此，其 iOS 系统锁定了它的客户。

更进一步，苹果还利用系统将其应用、延展的其他硬件如 iWatch、Apple Pencil，都与别的品牌清晰地进行划分，但又和自己的产品谱系牢牢链接在一起。即便有人购买其他电容笔，他也会发现之于 iPad，还是“原配”的 Apple Pencil 更好用。

当苹果整个谱系的产品通过上述逻辑形成闭环，用户们将被“画地为牢”，逐渐发展成为苹果整个产品谱系的用户。根据 2017 年 CNBC 公布的调查结果，64% 的美国人拥有苹果公司的产品，每个家庭平均拥有 2.6 部苹果产品。而对于年收入超过 10 万美元的人群，87% 至少拥有一款苹果产品。此外，美国最富裕家庭平均拥有 4.7 部，而最贫穷家庭平均拥有 1 部。

尤其是在 iPhone7 plus 配套苹果蓝牙耳机乃至耳机转接器推出后，这个卖硬件的“套路”，也倍受调侃。

实际上，这种不与他人共享，通过和自己系内产品联动，最后得到更大利益的模式，就是所谓的“飞轮效应”。当一个共识的各个板块相互推动作用，就像咬合的齿轮一样互相带动。开始，从静止到转动需要花比较大的力气，但每一圈的努力都不会白费，一旦转动起来，齿轮就会转得越来越快，而且驱动起来比较省力。

iPhone 就是一个非常好的案例，而且将这种“飞轮效应”做到了极致。因为除了硬件分割外，其通过“硬件 + 操作系统+服务”的模式，也是利用了同一个逻辑。

苹果的开发平台对其他语言的开发者而言也无法“共享”，但是它可以在 iPad、苹果电脑、苹果笔记本中“通行”。即安卓上的 App 可以在任何一款搭载安卓系统的硬件上使用，但 iOS 平台上的 App，只有苹果产品能用。在给定这些“限制”的同时，苹果将服务做到极致。在苹果手机推出 AppStore 之时，人们认为这就是复制了 iPod 和 iTunes 的“硬件+系统+服务”逻辑。

iPod 的用户，最终在为 iTunes 上的内容买单，苹果公司同时也大量为用户提供内容，为其带来良好的体验。所以，苹果通过给在 App Store 平台上提供内容的开发者分成，自己成为内容分销商。苹果硬件的用户，将为内容付费，而苹果将提供渠道并获得相应的收益。反推回去，喜欢苹果提供的内容的用户，也将成为苹果硬件的消费者。

反观安卓，其相应的 App 还主要依

图 9-1　2016 年 3 月 21 日苹果电脑 MacPro 直播展示苹果事件与苹果手机相机

靠大大小小、归属不同的分销商，例如腾讯的应用宝、百度的手机助手，谁都可以分一杯羹。对此，开发者团队也很无奈，对于大量的渠道商，“劣币驱逐良币”的情况时有发生。最终安卓平台上的App质量水平显得参差不齐。当然，也要关注到的是，安卓的开放性和低门槛也给了开发者发挥创造力的空间。

苹果2018年的第三季度财报显示，在其营业收入的分类中，“服务类”收入为95.48亿美元，较上一年第三财季72.7亿美元的收入增长31%。其服务的类别包括iTunes、iOS和Mac版App Store、Apple Music、iCloud云服务、Apple Pay和Apple Care额外保修等业务。此外，苹果公司第三方订阅服务的收入（指的是App内容或服务订阅）已超过3亿美元，同比增长60%。这样的增长速度是苹果所有板块中，最高的一笔，体现出这一款服务产品的高增长性。

除此之外，iPhone还有一项非常有意思的革新，那就是运营商卖手机的模式。苹果制定的规则是，运营商高价买入iPhone再低价卖给用户，但用户需要绑定相应的在网协议并选择套餐。而iPhone可以从这个套餐资费中分成。当时iPhone选择了和美国电话电报公司（AT&T）合作，定制的是其提供的网络。从2007年二季度末iPhone上市到2008年一季度末，新开通 iPhone 用户数占到这 3 个季度新增用户的 4 成，其中转网用户占到接近 5 成。从 AT&T 与 Verizon（即美国威瑞森电信）在 2005 年到 2008 年的新增移动用户数量曲线来比较，AT&T 长时间和 Verizon 不相上下，但在其与 iPhone 合作的 2007 年 3 季度开始，新增的用户数突然放量，远超 Verizon。

其实简单而言，iPhone 在依靠自己的“人气”帮运营商卖网络套餐。打个比方，iPhone 只有联通版，想用 iPhone 那就需要退掉移动改成联通，或者多办一张联通卡。而 iPhone 也可以从合作的运营商那里分成。

虽然最终分成的事还是在 2008 年戛然而止，但当时的大多数手机厂商，还在因为要依靠运营商的渠道卖手机，而不得不定制运营商的 App 甚至 logo。直到今天，尚没有一家手机厂商的话语权能够达到苹果当年那样的强大。

这就是乔布斯带给手机行业的革命。在他去世之后，时任美国总统奥巴马（Barack Hussein Obama）如此评价：“乔布斯是美国最伟大的创新领袖之一，他的卓越天赋也让他成为能够改变这个世界的人。”乔布斯改变的，不仅仅是手机和手机行业，他还极大地改变了现代通信、现代商业，乃至于我们的生活、生产方式。

HANDSET 10

芯片的战争

2018年6月7日，美国商务部长威尔伯·罗斯（Wilbur Ross）发表声明，宣布中兴通信（SZ.000063，HK.00763，US.ZTCOF）及其关联公司已同意支付罚款和采取合规措施，以此来替代美国商务部此前针对该公司向美国供应商采购零部件执行的禁令。

声明指出，根据新的和解协议，中兴公司支付10亿美元罚款，另外准备4亿美元交由第三方保管，然后美国商务部才会将中兴通信从禁令名单中撤除。

这是中兴通信遭遇的前所未有的危机。其2018年半年报显示，在美国封杀中兴通信事件中，公司的经营活动一度停滞，同时公司业绩遭到重创。在2018年上半年实现营业收入394.34亿元，同比减少26.99%；归属于上市公司的净利润为-78.24亿元，基本每股收益为-1.87元。虽然经过2018年下半年的努力，中兴通信的业绩有了提升，但是在整个2018

年报告期内，公司营收为855.1亿元，同比减少21.41%，归属于上市公司普通股股东的净利润为－69.8亿元，同比减少252.88%[①]。

正值中美贸易纠纷爆发，中兴通信首当其冲成为美国出手的“第一张牌”。美国的理由是中兴通信违反了美国限制向伊朗出售美国技术的制裁条款。实际上，芯片受制于人，正是中兴通信背后整个中国手机产业发展的掣肘。

但是中兴通信事件的结束并未给美国的“制裁”打上句号。2019年5月初，中美贸易第11轮谈判未能达成协议，美国再次高举“大棒”政策将华为列入出口管制“实体清单”，除了谷歌等软件企业之外，还包括芯片设计和生产商英特尔、高通、博通、赛灵思等企业停止与华为合作。作为继三星、苹果之后的全球第三大芯片买家，华为仅在2018年的采购量就超过210亿美元。

“今天是历史的选择，所有我们曾经打造的备胎，一夜之间全部转‘正’。”5月17日凌晨，华为旗下的芯片公司海思半导体总裁何庭波在给内部员工的信件中如此表示：“滔天巨浪方显英雄本色，艰难困苦铸造诺亚方舟。”

① 数据均来源于中兴通信2018年上半年财报及2018年年报。

根据中华人民共和国海关总署发布的数据显示，2018 年中国进口集成电路 4176 亿个，同比增长 10.8%，总金额高达 3120.58 亿美元，首次突破 2 万亿人民币，同比增长 19.8%，占我国进口总额的 14% 左右。但是在 2001 年，我国集成电路市场规模仅为 1260 亿元人民币[①]。而且集成电路的进口需求，随着以智能手机、汽车电子、智能家电等为代表的新兴应用场景扩张而迅速扩大。此外，国内 5G 通信、物联网等前沿应用领域的快速发展，将使国内集成电路市场需求进一步提升。

持续且高比例的海外芯片进口，意味着我国电子产品制造业始终处于国外芯片企业的控制之下，很难打破早已形成的垄断，而且并不是所有的企业都如华为一样，能够打造出可以“转正”的“备胎”。中国政府强调，半导体是“中国制造 2025”计划的一个关键领域，目标是 2020 年自主生产 40% 的半导体，到 2025 年这一比例将提高至 70%[②]。为此，我国自主研发的芯片正在快马加鞭地追赶，与此同时政府主导下的数百

① 南京市工信局网站. “聚焦两会”——关于半导体，两会代表委员提了这些重要建议！[EB/OL]，2019-03-12，http://www.njec.gov.cn/jxzl/201903/t20190312_1463282.html.

② 搜狐网. 中国芯片自给率暴涨：2020 年将达 40% 2025 年要达 70% [EB/OL]，2016-08-24，https://www.sohu.com/a/111892423_468750.

亿美元正在注入国内芯片产业。中美的博弈仍在持续，这也意味着，芯片的战争势必愈演愈烈，“诺亚方舟”却只能依靠自己铸造。

中兴通信的“至暗时刻”

可以说，中兴通信被制裁，打响了 2018 年中美贸易纠纷的第一枪。

美国商务部在美东时间 2018 年 4 月 16 日宣布，7 年内将禁止美国公司向中兴通信销售零部件、商品、软件和技术，直到 2025 年 3 月 13 日。理由是中兴通信违反了美国限制向伊朗出售美国技术的制裁条款。

一天后，中兴通信在深圳总部举行新闻发布会。中兴通信董事长殷一民说，美国的禁令可能导致中兴通信进入休克状态，对公司全体员工、遍布全球的运营商客户、终端消费者和股东的利益造成直接损害。“我们坚决反对。”他补充道。

实际上，以此次美国商务部对中兴通信祭出的制裁禁令来看，将是全面禁止美国厂商销售、提供技术服务，甚至是技术支援，这对主营业务中大部分芯片、零部件、操作系统、软件都与美国厂商有紧密关系的中兴通信而言，无疑是一记重击。

在手机产品方面，高通目前是中兴通信最大的应用处理器来源之一，占其手机产品约 6 成，联发科则排名第 2，接近 3 成，主要内存与运存供货商则以韩商三星以及海力士为主。国内的小米手机、OPPO 手机等，都是如此依赖芯片采购，只是各大供应商的采购比例不同而已。

遭受制裁之后，中兴通信无论在通信设备，或者是手机产品方面，都将面临断炊的危机。

经过中美多轮贸易磋商，在 2018 年 7 月 2 日，美国商务部发布公告，暂时、部分解除对中兴通信公司的出口禁售令。但中兴通信为此付出的代价是支付 10 亿美元罚款，另外准备 4 亿美元交由第三方保管。

2018 年 7 月 14 日早间，中兴通信在社交媒体上称：满怀信心再出发。与此同时，中兴通信总部的 LED 广告牌上也挂出了“解禁了！ 痛定思痛！ 再踏征程！”的标语。虽然让人感觉豪情满怀，但是在这标语的背后却是一种产业发展的悲怆与无奈。

实际上，中兴通信并不是在芯片上被制裁的第一家中国公司。早在 2016 年，国产手机魅族就因为拒绝缴纳使用高通芯片的专利费用，被高通告到了北京市知识产权局，索赔 5.2 亿美元。最后高通甚至将魅族起诉到美国、法国和德国，以此遏

制魅族的海外市场发展。最后，魅族不得不和高通和解，在此后的产品销售中支付高通高昂的专利费用。

芯片，可以说是手机的“心脏”，一部手机所有的零部件成本加起来，还不足各种专利费用。而零部件专利费用最高的就是芯片。根据高通公司的财务报表显示，2016 年这家公司的净利润是 57 亿美元，在中国区的总收入比重就占到了高通的 57%[①]。所以，从高通起诉中国公司，到美国政府挥舞大棒制裁中兴通信，就不难理解其中缘由了。

被垄断的芯片

为什么美国要拿中兴通信开刀？ 这主要还是因为芯片的原因。中国在芯片这一关系国家经济命脉的高科技产业上，话语权一直处于缺失状态。尤其是在存储芯片、服务器、个人电脑、可编程逻辑设备等领域，中国国产芯片的市场占有率竟然几近为零。这其中的主要原因就是技术门槛高、投资规模巨大、高端人才稀缺。因此，这一领域成为中国高科技产业发展

① 电子工程世界网. 这些美国半导体公司在中国市场赚得盆满钵满 [EB/OL], 2017-04-10, http://www.eeworld.com.cn/manufacture/article_2017041013402.html.

最大的制约因素。

从中国大量进口集成电路就可以窥见一斑——2013 年，中国集成电路进口总额 2322 亿美元，超过原油 2196.5 亿美元的进口额。到了 2017 年，集成电路进口总额更是超过 2600 亿美元，但同年原油进口总额为 1623.3 亿美元，到了 2018 年，集成电路进口总额更是突破 2 万亿人民币大关[①]，给正“火热”的中国集成电路产业一记暴击。多年来，集成电路与原油并列为中国最大的两宗进口商品，而集成电路进口额超过原油，只能说明一个问题：中国对集成电路的依赖度越来越高。

对集成电路如此之高的依赖度，主要是因为国产智能手机、智能家电以及其他多种电子产品的快速发展。目前，中国已经成为全球最大的存储芯片采购国——每年超过 680 亿美金，4500 亿人民币的国内市场需求空间[②]，因为未来存储芯片在服务器、云端、物联网以及人工智能领域的应用空间非常广

① 搜狐网. 2017 年进口金额 2601 亿美元，新能源汽车发展的“硬骨头”，应该怎么啃［EB/OL］，2018－06－01，https：//www. sohu. com/a/233693135_ 100135475.

② 电子产品世界网. 集成电路芯片产业“超白金时代”我国为何偏偏看上存储器？［EB/OL］，2017 － 03 － 30，http://www. eepw. com. cn/article/201703/345974_2. htm.

泛，需求也就更大。

但我们不得不面对的尴尬现实是，在2015年之前，作为主要存储芯片的DRAM存储器制造在中国还是空白，全球市场被三星、海力士和美光垄断。在DRAM领域，即我们使用的手机里1G、2G、4G等内存，三星+海力士+美光占了全球份额的近94%，拥有压倒性优势。

有机构预测，2019年全球集成电路市场规模将达到5000亿美元。按照芯片的应用划分，其中存储产品市场份额为1000多亿美元，DRAM内存市场份额为1100亿美元，NAND闪存市场份额大概为600多亿美金，其余则是数字芯片、模拟芯片等。这庞大的市场，主要被全球20家大型半导体公司瓜分，其中高通的芯片市场占有率超过40%。但截至目前，这20家公司里没有一家是中国内地企业，华为在2019年则有望进入这一阵营[①]。

在这20家半导体公司主导的垄断格局中，美国独占鳌头，共占据8个席位，其中包括英特尔（Intel）、高通（Qualcomm）、美光（Micron）、德州仪器（TI）、苹果（Apple）、

---

① 电子发烧友网. 一文看懂2018全球半导体市场数据［EB/OL］，2019-02-21，http：//www. elecfans. com/d/873496. html.

英伟达（Nvidia）、格罗方德（Global Foundries）、安森美（ON）；日本则包括东芝（Toshiba）、索尼（Sony）、瑞萨（Renesas）3 家；欧洲地区包括恩智浦（NXP）、英飞凌（Infineon）、意法半导体（ST）等企业；台湾地区则包括台积电（TSMC）、联发科（Media Tek）、联华电子（UMC）3 家；韩国则包括三星（Samsung）、海力士（SK Hynik）2 家；新加坡则是博通（Broadcom）1 家。这样的格局，在历经多次并购和整合之后，已然“固若金汤”，利益集团的网络难以破解。

占领全球市场份额的同时，半导体产业的发展也离不开企业大规模的投入。根据市场调查机构 IC Insights 的调查报告显示，在 2017 年，全球半导体产业的资本支出达到 908 亿美元，较 2016 年成长 35%。其中，韩国半导体大厂三星的资本支出将翻倍成长，由 2016 年 113 亿美元，成长至 2017 年的 260 亿美元，为英特尔及台积电全年资本支出的总和。报告中显示，三星在 2017 年的资本支出达到 260 亿美元，不但金额是史无前例的，其年成长幅度也达到了新高[①]。

① 搜狐网. 三星今年资本支出创新高，足以阻止中国存储崛起［EB/OL］，2017-11-16，http://m.sohu.com/a/204635549_132567.

在2018年，全球前5大半导体公司的资本支出比2017年增加了16%，而2017年全年的资本支出已经比2017年年初预期高了35%。全球前3大半导体厂商(三星、英特尔、台积电)中的三星在2018年的资本支出也达到了200多亿美金，占到整个行业的20%~25%[①]。在资本支出排行榜单里，终于有了中国大陆厂商的身影——中芯国际，它每年大概会花20多亿美元的资本去建新工厂和购置新设备。

行业巨头一方面不断地增加研发投资和产能投资，另一方面也加快了对行业的整合，不断出现大规模的并购案例，由此形成了新的竞争和垄断格局。

2015年底，英特尔斥资167亿美元收购了可编程芯片厂商Altera，这也是英特尔历史上最大规模的收购。

2016年7月，ADI(亚德诺半导体)以148亿美元收购Linear Technology(凌力尔特)。

2016年10月，高通更是以470亿美元的高价收购了欧洲的半导体巨头恩智浦(NXP)。恩智浦在2015年时则以118亿美元价格收购了另一家车载半导体巨头飞思卡尔(Freescales)。

① 电子产品世界网. 2018全球半导体市场数据分析［EB/OL］，2019－02－21，http：//www.eepw.com.cn/article/201902/397799.htm.

2017 年，芯片巨头的收购硝烟再起。早在 2 月，建广资本就已经完成了 27.5 亿美元收购恩智浦标准件业务。3 月，英特尔以 153 亿美元收购了以色列信息技术公司 Mobileye。5 月 26 日，高通联合大唐电信旗下联芯科技，以及建广资本和智路资本，成立合资公司瓴盛科技(JLQTechnology)，进军手机芯片低端市场，以抗衡有英特尔入股的紫光旗下的展讯和锐迪科。

2018 年 6 月 1 日，东芝宣布已完成出售旗下半导体公司（TMC）的交易，售予贝恩资本牵头的日美韩财团组建的收购公司 Pangea。尽管东芝对 Pangea 拥有 40.2% 股份，但大股东已经易主贝恩资本。

东芝出售半导体公司的企业行为，却引发了日本政府和商界的不安，这被日本媒体解读为日本半导体产业衰败的一个标志性事件。根据 IC Insights 此前公布的报告显示，在 2018 年第 1 季度全球前 15 大半导体公司（以销售额计算）名单中，东芝半导体是硕果仅存的日本公司。而在鼎盛时期的 1993 年，IC Insights 发布的全球 10 大半导体公司中有 6 家日本公司。所以，一旦日本的芯片垄断地位被打破，其话语权也会减弱，将会进入和中国一样受制于人的境地。

这样的出售案例，也让中国半导体行业不得不扼腕叹息：

此前，苹果也有意联合鸿海收购东芝，鸿海称愿意为收购支付3万亿日元，不过西部数据以“违约”为由阻止了东芝向第三方出售芯片业务，并提起仲裁。最后东芝选择的收购方是日美韩财团，而非中国企业或者资本。

显然，发达国家宁可与美国、欧洲联谊，也不会将核心技术或者核心零部件制造技术出售给中国。在半导体制造领域和技术研发上，发达国家对中国采取的是一种无形的封锁。

不断缩小的芯片竞争

从手机里的大哥大，到我们如今使用的手机以及可穿戴智能通话设备，产品的形态越来越小，功能越来越强大，这主要就是因为芯片技术的不断进步。随着虚拟现实、人工智能、无人驾驶汽车、医疗、遗传工程，尤其是5G智能手机的快速发展，对于手机芯片制造业和芯片升级也提出了更高的要求。

目前，全世界各大芯片巨头围绕芯片线宽展开的战役已经进入白热化阶段。全世界最大的半导体代工厂台积电于2016年宣布，计划投资157亿美元，用来建设5纳米和3纳米工艺的全新芯片生产线。台积电对外称，计划2019年进行5纳米制程试产，预计2020年量产。

在 2017 年 8 月份，IBM 宣布与三星、Global Foundries 组成的联盟成功开发出了业界第一个全新硅纳米片(nanosheet)晶体管，将芯片制造带入了 5 纳米时代。

5 纳米，相当于头发丝直径（约为 0.1 毫米）的 1/20000，随着 5 纳米[①]工艺的问世，高端芯片的晶体管数量将因此从几十亿个增加到 300 亿个以上。对于自动驾驶汽车、人工智能、5G 等等这些技术，5 纳米工艺的出现非常及时并有助于推动这些技术的发展。

为什么要把芯片不断地做小？ 这主要是因为对于电子设备而言，热量和能源问题是最大的设计难题，也是“设备杀手”。比如要让汽车跑得更快，就要安装一个更好的发动机引擎，但是相应也要好的轮胎。但如今的问题是，发动机动力强大了，轮胎却因为不能支撑高速运转随时可能爆胎。此外，要汽车跑得更快，还需要输入燃料，芯片同样也需要能源驱动。如何增加芯片的能源密度也就变得至关重要，总的来说就是让更多的能源在更小的空间发挥出来，从而驱动电子设备运算更快，功能更强。

1965 年，英特尔公司董事长戈登·摩尔（Gordon

① 1 纳米是 1/1000000000 米，这个数字指的是电路之间的距离。

Moore）做出预测，芯片上晶体管的数量每年将翻一番，因此被行业称为“摩尔定律”。但随着芯片越做越小，技术的突破也越来越难，使得芯片业发展已经呈现出了放缓的趋势。

实际上，几十年来，全球的半导体产业一直痴迷于晶体管的小型化，甚至不惜投入巨资研发。上一次提出新的方法是在2009年，也就是我们所熟知的FinFET（Fin Field - Effect Transistor），中文名叫鳍式场效应晶体管，因为它的形状与鱼鳍很相似。这是一种新的互补式金属氧化物半导体晶体管，根据这种设计可以改善电路控制并减少漏电，缩短晶体管的闸长。2012年，FinFET工艺的芯片第一次量产，在之后的数年之内推动了22纳米、14纳米和10纳米工艺的出现。其中，半导体芯片龙头英特尔在技术上一直坚守14纳米工艺，而三星、高通在10纳米芯片上则是强势推进。

中芯国际作为国内规模最大、技术最先进的集成电路晶圆代工企业，其最先进的工艺仅为28纳米。面对英特尔成熟的14纳米工艺和三星、Global Foundries已经投产的10纳米工艺，中芯芯片存在明显的技术差距，即使与台积电的16纳米工艺比较也有不小的差距。

华为在2018年8月份推出的国内首款7纳米通信芯片“麒麟980”，就是基于台积电7纳米FinFET制造工艺，八核

CPU 核心数量比上一代翻倍，肩负起了华为旗舰级手机 Mate 20 Pro 上市奏捷的核心任务。

在芯片的技术突破上，中国企业仍然面临挑战，道路漫长而充满艰辛。

被围剿中的“中国芯”

和中国高铁一样，通过资本收购国际领先的各类厂商，引进技术进行消化吸收，进而自主创新，最后实现赶超，这无疑是中国芯片产业发展的捷径，可惜这条路已经被其他国家堵死，中国资本在国际芯片产业领域的开疆拓土屡屡被打压，寸步难行。所以，加快发展芯片产业已上升为国家战略，改变中国芯片产业现状是国家意志，夺回芯片产业主导权是国家行为。

就此，我们看到了中国政府以及企业在“中国芯”领域的布局与努力。

根据《中国经营报》报道，早在 2013 年 7 月，紫光集团耗资 17.8 亿美元对展讯通信实施私有化；5 个月之后的 2014 年 1 月，紫光集团又以 9.1 亿美元收购中概股锐迪科；2015 年 5 月，紫光集团又耗资 25 亿美元接手惠普旗下公司新华三 51% 股权。

3 次收购，耗资高达 51.9 亿美元，紫光集团迅速完成集成电路产业布局，国产芯片迎来实力中坚，紫光集团转战芯片的战略获得了官方层面的认可。除此之外，紫光集团还宣布投资 600 亿建设存储芯片工厂，其中 300 亿美元主攻存储器芯片制造；武汉集全市之力甚至湖北全省之力联合新芯投入 240 亿美元打造存储器基地；福建晋华集成电路联合联电投入 370 亿元发展存储芯片；合肥投入 460 亿元建设 DRAM 工厂。

中国投资上千亿美元布局芯片领域，就是期望通过资本投入扶持国内企业发展壮大，从而掌握行业主导权。尤其是 2014 年 6 月，随着《国家集成电路产业发展推进纲要》发布，中国发展本土半导体产业的节奏加快。

2014 年 9 月，国家集成电路产业投资基金（以下简称大基金）正式设立。根据工商登记注册资料，大基金注册资本 987.2 亿元，其中财政部出资 360 亿元，持股 36.5%，是控股股东，国开行旗下的国开金融有限责任公司出资 220 亿元，占股 22.29%[①]。以如此巨额的基金来推动国产芯片，可见国家

① 新浪科技. “明星”并购者紫光：赵伟国背后的“国家队”[EB/OL], 2018 - 01 - 14, https://tech.sina.com.cn/it/2018 - 01 - 14/doc - ifyqrewh8468891.shtml? source = cj&dv = 1.

意志和国家战略的强势推动力。

2015 年 2 月，大基金、国家开发银行（以下简称国开行）同日与紫光集团签署合作协议，大基金拟对紫光集团投资不超过 100 亿元，国开行则给予紫光集团 200 亿元的融资支持。为什么国家对紫光集团会有如此大的支持力度，搜索工商资料就可以看到，紫光集团的大股东是由清华大学 100% 控股的清华控股有限公司，这家公司持有紫光集团 51% 的股权，所以从这一层面说其中的原因不言而喻。

两年之后，来自官方的支持迅速加码。

2017 年 3 月，大基金携手国开行拿出了新的合作协议。根据协议内容，“十三五”期间，国开行意向支持紫光集团融资总量 1000 亿元，大基金则拟对紫光集团意向投资不超过 500 亿元，重点支持紫光集团发展集成电路相关产业板块。

除了紫光集团作为重点扶持企业之外，在 2013 年 12 月 19 日，国家发展和改革委员会、工业和信息化部与北京市政府共同成立北京市集成电路产业发展股权投资基金，对北京乃至全国集成电路行业中的一批骨干企业、重大项目和创新实体或平台进行投资，基金总规模为 300 亿元。

目前，中国半导体行业已然得到迅速提升。其中，除了华为以“麒麟”芯片占据中高端市场并在国产芯片排名第一之外，紫光集团的移动通信芯片也占据了中低端市场，并成为印度市场上第一家芯片制造商。此外，为美国制裁付出巨额成本的中兴通信，其旗下公司中兴微电子正着力发展自主芯片，以避免再次被卡住脖子。中兴通信 CEO 徐子阳此前对外表示，中兴微电子已经掌握了 10 纳米和 7 纳米芯片的制造工艺，并正在积极与台积电合作。此外，中兴微电子在 5 纳米芯片的开发也在进行中。按照中兴通信的计划，未来将在芯片研发方面投入更多的人力、物力和财力。

与此同时，国际芯片巨头也开始加快在中国的工厂建设。2017 年 11 月，SK 海力士与无锡市政府签约，计划投资 86 亿美元扩充 DRAM 产能，估计新厂房每月产能为 20 万片。2019 年 4 月，该工厂已经全面投产。这一工厂整体工程规模浩大，累计投入人员达 230 余万人次，中韩两国共有 101 家合作公司参与其中。按照《无锡日报》当时的报道，SK 海力士占有中国 DRAM 市场约 35%，新工厂的建成投产，将使海力士在中国的市场份额提高到 45%。同时这一工厂也成为全球单体投资规模最大、月产能最大、技术最先进的 10 纳米级 DRAM 产品生产基地。

就在国产芯片突破重围努力发展的同时，也出现了一些不和谐的声音。

在 2006 年 1 月 17 日，一个类似美国“水门”事件中“深喉”的人物，在清华大学水木清华 BBS 上，公开指责上海交通大学微电子学院院长陈进教授发明的“汉芯一号”造假。

随着媒体的介入和不断曝光，很多造假的事实被还原。由此，在举报人和媒体的共同努力下，一个个事实渐次浮出水面。一个月后的 2 月 18 日，该事件的调查组得出结论：“汉芯一号”造假基本属实。

5G 时代的芯片战争

2018 年，国内各大手机厂商纷纷布局 5G 手机。硬核联盟成员的华为、联想、OPPO、vivo 等手机厂商计划在 2019 年推出 5G 预商用终端，2020 年推出 5G 手机产品。在 2019 年 5 月 2 日，华为携手瑞士运营商 Sunrise，正式推出了 Mate 20 X 5G 版，这也是华为首款上市的 5G 手机，其售价是 997 法郎，约合人民币 6600 元。由此，华为在 5G 手机市场抢得先机。

与此同时，围绕 5G 手机芯片的战争也日益升级。

我们知道，在 5G 技术支撑下，原本几分钟几十分钟才能下载完成的一部电影，只需要一秒就能够完成。那么，高网速和高运行速度的 5G 手机对于芯片来说功耗倍增，降低能耗和

解决散热成为关注焦点。因此，研发大功率芯片的市场需求非常大。但是目前以硅作为基片的半导体器件，其负载量已到达极限，性能和能力也没有多少可以突破的空间。

图 10－1　平板电脑通过 5G 网络技术概念展现出来的智慧城市

此外，国金证券认为，由于 5G 手机天线及射频前端将发生较大变化，高频段手机天线还有望采用有源方式，手机耗电量将大幅增加，散热技术方案将至关重要，除了传统的石墨散热和液冷热管散热技术外，建议重点关注手机散热新技术的机会。

华为在这一方面早已布局。华为轮值董事长徐直军认为，由于 5G 芯片的计算能力要比现有的 4G 芯片提高至少 5 倍，功耗大约高出 2.5 倍。基于此，与其他手机厂商大多基于高通芯片研发 5G 手机不同，华为在研发自己的 5G 芯片上发力，推出的华为麒麟 980 将完整支持 5G，还可通过选配基带获得支持。华为不仅能研发芯片，同时还有 5G 基带，在终端设计上也很强，这些因素综合在一起就要比其他厂商在推进 5G 手机的速度上更快。此外，在 2019 年 1 月 24 日，华为公司发布了全球性能最强5G芯片——巴龙5000多模终端芯片，并在下载速率等方面实现了6项世界第一。

除了华为之外，紫光集团旗下孙公司紫光展锐科技有限公司也宣布，将会在接下来推出2款5G芯片。在2018年，这家公司的芯片累计出货量已经达到了15亿颗，是仅次于华为海思芯片的国产芯片巨头。

此外，作为芯片产业的上游配套，西安电子科技大学芜湖研究院在2019年初宣布，国产化5G通信芯片用最新一代碳化硅衬底氮化镓材料试制成功，打破了国外垄断。碳化硅是制造高温、高频、大功率半导体器件的理想衬底材料，也是发展第三代半导体产业的关键基础材料。这标志着今后国内各大芯片企业生产5G通信芯片，有望用上国产材料。

对于芯片国际巨头们而言，5G带来的巨大机会更是不容错过。为此，在2019年2月，全球最大移动芯片供应商——高通宣布将推出手机与5G网络连接的第二代调制解调器（Modem）芯片。目前，小米等国产手机制造商已经在2018年使用了高通第一代调制解调器芯片，小批量生产出5G终端产品，显然第二代芯片将使5G手机新品的推出速度加快。

这势必会将进一步加剧围绕5G手机的竞争。目前，韩国三星已经拥有名为Exynos 5100的5G调制解调器芯片，将用于支持在美国以外销售的众多三星设备；联发科在2018年底推出Helio P90芯片，最快在2019年推出搭载Helio M70芯片的中高阶智慧型手机。

笔者注意到，此前英特尔还宣布计划在2019年下半年推出一款5G芯片，终端产品则在2020年上市。

但英特尔和苹果在5G领域的合作却一直未能如愿推进。从2018年6月开始，英特尔就为苹果生产5G调制解调器，但是由于英特尔在芯片的散热和能耗技术上无法突破，始终达不到苹果的标准，因此苹果对英特尔逐渐失去了信心。在2019年4月，当华为"扬言"要给苹果提供芯片时，这让苹果更为心焦。无奈之下，在2019年4月16日，苹果宣布与高通达成和解，将支付一笔一次性款项，并签订一份为期6年的专利许可协议，从而终结了两家多年的专利之战，也开启了双方在5G手机领域的合作。就在该协议公布几小时后，英特尔宣布退出5G调制解调器业务，这也意味着英特尔在5G基带的战役中正式出局。

对于5G手机发展时间的预判，中国联通董事长王晓初在2018年初曾提及，"目前芯片厂商的消息是，2019年第1季度可以提供5G技术，但估计技术成熟要晚1个季度左右，2019年下半年可能才会真正有5G服务。我们积极跟踪，也做了一些实验，结论是还要给制造商和研发机构一些时间，去把技术、商业模式想清楚，国际公司和中国公司都要审慎得多，根据商业模式制定投入和应用的点。”

在通信行业，当华为、中兴等要突破外资企业垄断，参与全球竞争时，面对的不仅是全球化的市场，还有各种国际利益集团的围剿。但以芯片为核心的通信防火墙构筑得越高，我们通过手机了解世界的视野，实现人类畅通沟通的愿望，或将遭遇到无法穿越的屏障。

HANDSET 11

“向死而生”的国产手机品牌

那些曾经在通信市场傲视群雄的手机品牌，如今只能在老年手机的阵营里看到他们的身影。从诺基亚、西门子、飞利浦、索爱这样的外资品牌，到波导、天语、酷派、长虹这样的国产品牌，无不曾在中国通信行业叱咤风云，但最终却逃不过“城头变幻大王旗”的命运。他们中的绝大多数已经完全没落乃至彻底消失，与我们这些曾经的消费者以及忠实拥护者渐行渐远。

回顾中国本土手机生产的历程，实际上从模拟手机时代就已经开始，但是规模一直不大，尤其是在很长的时间里都以代工为主，一直未能形成市场竞争力，手机市场的话语权一直掌握在摩托罗拉、诺基亚、西门子等外资品牌的手中。

一直到 1999 年，随着 30 张 GSM 手机生产许可证和 19 个 CDMA 手机生产许可证绝大多数分发给国内企业之后，国产手机的“战国时代”才正式开启。随后，外资品牌采取的战略方

式就是降价。2000 年初，中国手机市场第一次出现大规模的价格战，总体价格下降了约 50%，由此手机行业进入了完全、充分的竞争市场。

在这场残酷战役中，国产手机品牌此起彼伏，从国产旗舰四大霸主“中（中兴）华（华为）酷（酷派）联（联想）”4 大阵营，发展到后来的华为、OPPO、vivo、小米、苹果占据中国手机市场前 5 位，演绎了风云跌宕的中国手机行业变迁史。

如今，那些曾经在我们手中停留过的手机品牌，它们倾听过话筒里传出的过眼烟云般的喜怒哀乐、沟通过每一个人的美好未来、见证过经济发展的潮起潮涌。对于手机的依赖，正如陕北民歌里所唱的一样：“拉个话话容易，见个面面难”，手机完成了让我们沟通交流使命的同时，也我们坐下来见面聊天沟通感情的机会大大减少了。

城头变幻大王旗：国产品牌“大洗牌”

首先要说的，肯定是“手机中的战斗机”波导手机。

这个曾经与摩托罗拉在 BP 机市场一决高下的手机品牌，在 1999 年推出了它的第一台手机。这一年也是国产手机行业最为热闹的一年：厦华推出"华夏一号"单、双频手机；TCL分别与意大利特灵通、法国萨基姆合作推出3款手机；海尔与摩托罗拉、朗讯合作出第一款海尔H6988；熊猫推出第一款GSM手机……国产品牌以组装或者贴牌的方式，开始了在中国手机市场的放手一搏。

在2000年悉尼奥运会前夕，波导手机让80位中方派出的奥运会记者带着波导手机出征，从而在新闻宣传口首先打开了通路。这一年，波导手机在市场上销售了70万台，成为国产手机销量冠军；这一年，波导股份在上海证交所挂牌上市，融资6.4亿元。

随后，拿到融资的波导，开始了大力扩建生产线和销售网络，在全国铺设了一张覆盖省、市、县三级市场的销售和服务网络，搭建了上万个销售终端，由此，波导手机几乎遍布中国市场的各个角落，这样的渠道渗透能力让外资品牌望尘莫及。

在"品牌、价格、渠道"三大关键因素的支撑下，波导的销售量得以迅速的提升：从2000年到2005年，连续6年夺得本土手机品牌销量冠军。尤其是在2005年，波导手机实现销售1393万台，出口611万台，占国产品牌手机出口总量的60%以上，稳居国产品牌手机出口总量第一。此外，从1999年推出第一台手机开始，截至2005年，波导全球累计销量突破5000万台[1]。后来，在格力集团推出格力手机之时，其董事长董明珠曾表示，“销售5000万台只是一个梦想，但不一定实现”，足见波导当年取得的成绩实属不易。

但如此强劲的销售，并未给波导带来巨大的利润。也就是在同一年，波导的业绩公告显示，公司亏损4.71亿元。但当年的波导并不想在手机业做大做强，它的梦想是去造车。“由于公司在整个产业链中的竞争优势很有限、品牌竞争力也大不如前，所以公司在未来能否跟上智能手机新技术、新应用的前进步伐,能否适应运营商主导、网络销售快速成长的市场新变化等方面都存在不确定性,公司主业发展面临的技术风险和市场风险都十分突出。”在后来的企业公告中，波导的总结陈述或许算是一种较为清晰的认识。

无论是TCL、海尔、海信、厦华等以做家电为主的企业，还是中兴通信、东方通信等做通信设备为主的企业，抑或是南方高科、托普、多普达等做通信终端的企业，实际上都是以组装和贴牌生产为主，自主研发都是“短板”，这也成为后来这些品牌走向没落的根本原因。如今，虽然华为、OPPO、传音

① 财富网. 波导败局：从领先到追随［EB/OL］，2014－06－06，http：//www. fortunechina. com/column/c/2014－06/06/content_ 208256. htm.

等非常注重研发，但是中国手机的芯片仍然依靠进口，成为产业发展的掣肘，以至于在 2018 年的中美贸易纠纷中陷入被动，受制于人。

手机的江湖变幻莫测。2007 年，国产手机的销售冠军不再是波导，而是天语——全年销量达到了 1700 万台。2008 年，天语手机销量更是达到了 2400 万台，市场份额仅次于诺基亚、三星、摩托罗拉。这样的增长得益于其创始人荣秀丽做手机代理的背景，她经营的百利丰公司在巅峰时期曾经掌控三星手机在中国市场上 50% 的销量。或许正是源于荣秀丽对技术的判断远不及对渠道的把控，后来的天语放弃了安卓系统而选择阿里云系统。由于当时的阿里云系统尚不成熟，使得搭载阿里云 OS 的天语手机一经推出便饱受诟病。天语的结局，就像一首歌的歌名《要死就一定要死在你手里》。

在此期间，不得不提的还有一个手机“狂人”——万明坚。

万明坚 1994 年加入 TCL，从技术做起，几年时间坐上 TCL 移动通信有限公司董事总经理的位置。拿着 TCL 老大李东升给的 1000 万美元，万明坚凭借自己的营销能力，加上邀请韩国第一美女金喜善做代言，硬是把 TCL 做成国产手机的龙头。2002 年，TCL 手机利润高达 12 亿元，而整个 TCL 的

利润才 15 亿元，这意味着，TCL 手机占了整个集团总利润的 4/5。

但是万明坚重营销，对产品质量和技术的研发没有投入多少精力。到了 2004 年下半年，TCL 手机大势已去，销量严重下滑，库存也十分严重。2014 年前 3 个季度，TCL 手机销售额同比下滑 16 亿元，从此一蹶不起。

2014 年底，万明坚悄然离开 TCL，加盟四川长虹，试图东山再起。也正是万明坚的离职，使得 TCL 移动人事震荡，并开启了大规模裁员的“闸门”，一度引起各路媒体的关注。

后来，笔者在四川长虹见到万明坚时，他已然是踌躇满志地想要打造另外一个手机帝国。此后，在双方十年的合作中，万明坚曾带领长虹手机走进国内手机前三，“手机狂人”的名号果然名不虚传。但在 2014 年底，四川长虹却出售了自己的手机业务，并在此后逐渐淡出主流市场，万明坚也早已淡出人们的视线。目前，长虹手机已然沦为老年机，大多数产品集中在百元的价格带，最贵的一款在淘宝售价 1999 元。

从 TCL、长虹手机以及波导的发展来看，中国国产品牌主要还是重营销，轻研发，轻质量。这为后来崛起的小米、华为、魅族、OPPO、vivo 等国产品牌的发展，提供了宝贵的经验。

后来，家电专家刘步尘撰文称：“和 TCL 手机同病相怜的，还有联想。一个有趣的事实是：李东生主导收购汤姆逊彩电与阿尔卡特手机业务，与柳传志、杨元庆主导收购 IBM PC 业务及摩托罗拉手机，无论形式还是结果，都惊人地相似。还有，李东生在 TCL 手机上表现出来的焦躁心态，和杨元庆在联想手机上表现出来的焦躁心态，同样是惊人地相似。”

由 GFK 提供的 sell-out 出货量统计数据显示，2017 年，联想手机国内销量 179 万台，位居第十，占有率不足 0.5%。但就在 2014 年，联想斥资 29 亿美元从谷歌手中接下了被称为“烧钱无底洞”的摩托罗拉。本来联想意在超越小米跃居全球第三大智能手机厂商，但从现在的情况看，这次收购无疑是一个败笔，联想手机业务在 2017 年亏损仍高达 1.24 亿美元[①]。

如今，联想在移动业务上仍未能实现大规模的增长。根据联想集团发布的截至 2018 年 12 月 31 日第三财季业绩显示，其移动业务收入为 16.69 亿美元，营收占比约 12%，同比下降 20%。难得是联想的移动业务自 2014 年收购摩托罗拉以来，

---

① 新浪网. 刘步尘，明明很努力，却搞错了方向，说的就是 TCL 和联想的手机业务？ [EB/OL]，2018-04-16，https://cj.sina.com.cn/articles/view/1790671321/6abb79d9001005qvn.

首次实现税前300万美元的盈利[①]。杨元庆称，这得益于联想大力削减费用、优化产品组合、聚焦关键市场的战略执行。

对于联想移动业务的未来，杨元庆曾对媒体表示，“中国区手机业务已经跌到底了，没什么再怕的了。不过，我们手机业务的确做得不太好，但远远没有到要放弃的地步，还是战略中重要的一部分。”

生机勃勃的“死亡之境”

有谁还记得夏新A8？2001年上市，售价高达3980元，但还是有一堆人提着现金箱子排队购买，甚至于在北京一度被炒到一部手机8000元——即使那个年代人均工资只有800元。这样的情形，与当年摩托罗拉的大哥大有的一拼。

夏新手机无疑也是国产手机的一个传奇。在彩屏手机风靡的2003年，夏新这款黑白屏居然热销高达100万部，公司两年之内更是赚了11亿元。A8的成功，源于它的设计与创意：最好的16和弦铃声、最大的屏幕、最薄的双屏等，让消费者最好的体

① 新浪网. 收入降两成，联想移动业务却实现收购MOTO后首次盈利［EB/OL］，2019－02－21，http：//news. sina. com. cn/c/2019－02－21/doc－ihrfqzka7974958. shtml.

验就是“这是一款会跳舞的手机”——来电时手机竖在桌子上可以翩翩起舞，彩灯闪烁。夏新当时重金邀请了日本最大的广告公司团队进行宣传推广，并整合了国内的销售渠道，大火了一把。但是后来夏新推出的 A6 潜龙和 A8＋手机，却未能继续这样的销售盛景。排队没有维持多久，夏新就没有了后来。

此外，还有南方高科。在短短两三年时间里，南方高科曾进入国产手机前 4 强，年销售额达到 40 多亿元，后来因为一张 2000 多万元的承兑汇票被法院查封，南方高科从此在大众视野中消失。

2002 年，多普达搭载了 Windows Mobile 系统的智能手机 dopod 686 正式发布，可谓国内发布的第一款真正意义上的智能手机。此后多普达发布多款重磅产品，市场反应良好。但是因为 2010 年母公司 HTC 正式宣布进入中国大陆市场，多普达被整合进 HTC 品牌，自此多普达品牌消失。

说到多普达，就不得不提 HTC。HTC 的命运有些像诺基亚，作为台湾智能手机和 VR 设备厂商，HTC 曾经引领了安卓智能手机整整一个时代，巅峰时期苹果、三星也只能甘拜下风，一度在全球智能手机市场占到近 10% 的市场份额。在中国市场，HTC 简直就是华为、小米等国产手机可望而不可及的存在。尤其是 HTC 的女老板王雪红，成为创业者心目中的“女神”，其江湖地位与如今的格力集团董事长董明珠相比，有过之而无不及。

然而，面对激烈的市场竞争，HTC 迅速陨落，最终沦为了全球三流智能手机品牌。据不完全统计，自 2013 年起，截至 2018 年，HTC 裁员人数多达 7 万余人，这一裁员人数在同期科技类公司几乎是不存在的。

目前 HTC 在市场销售的最高端产品为 U12 +，淘宝售价 5419 元，随后的梯队就在 3999 元以下的价格带，最低价格为 108 元的学生机，千元以下机型最为丰富。

科健手机，作为中科院旗下、深交所首家高科技上市公司，一度被称为中国最早的自主手机品牌，含金量最高的国产手机品牌，从 1998 年推出第一款国产 GSM 手机到 2004 年巨额亏损之后，就逐步从手机市场淡出。

金立手机，虽然所属公司在 2002 年才成立，晚于其他国产品牌，但是作为后起之秀在手机市场上是一路狂奔。它坐落于广东东莞松山湖的金立工业园，占地面积 258 亩，投资 23 亿，年产能高达 8000 万台。此外，金立在全球拥有 1500 名工程师，4 大研发中心，产品更是远销 40 多个国家和地区。金立手机的代言人包括刘德华、冯小刚夫妇，尤其是旗下 M2017 售价高达 16999 元，与 8848 钛金手机一度成为国产手机的奢侈品牌。但是这一切都已经是过眼云烟，在 2018 年年底，金立正式宣布破产，其债务高达 200 亿元。究其原因，众说纷纭，但这样的结局，总让人唏嘘不已。

在国产手机市场，还有包括盛大、乐视、INUI、小辣椒等多个不同定位的手机品牌，但是都未能做好，甚至是一闪而过，只能留下一点模糊的影子，消费者谈论时也只会说“好像使用过”。

此外还有近几年大热的锤子手机，其创始人罗永浩一度将公司总部搬迁到成都，企业所在地成华区政府的国资平台给予锤子手机的投资高达 6 亿元。虽然锤子手机在 2018 年销售达到 265 万台，以 0.7% 的市场占有率位列国产手机第九①，但是几经折腾，锤子手机也未能在手机行业敲出更大的动静，最终锤子手机又搬离了成都，罗永浩也黯然离场。

剩者为王的时代

在诸多已经消失的品牌中，有一款音乐手机让很多曾经用过的女性非常怀念，这就是步步高手机。当时，步步高旗下还

① 锤子论坛. IDC 中国 2018 年智能手机销量排行 [EB/OL]，2019 - 2 - 23，http：//bbs. smartisan. com/forum. php? mod = viewthread&tid = 1089731.

有影碟机和学习机，3 大主打产品让步步高在国内家电领域所向披靡。

1995 年 9 月 18 日，段永平在东莞创办了步步高。曾经打造小霸王销售“神话”的段永平，很快就将步步高推向了新的发展阶段，到 1998 年底，步步高 VCD 成功杀入行业前 3 名。1999 年和 2000 年，步步高还两次夺得央视广告的“标王”。

步步高无绳电话是段永平倾心打造的 3 大产品之一。自 1998 年起，其市场占有率一直稳居行业第一。尤其是步步高音乐手机，因采用欧胜（Wolfson）音频处理芯片，成为诸多音乐发烧友当时为之痴迷的一款产品。

在步步高渐入正轨的时候，通信行业的竞争也日趋激烈，段永平毅然将公司的业务分割为 3 块，分别为学习机，影碟机和电话机 3 部分，随后又将这 3 个部分独立出来，成立为 3 家互不持股的独立公司。

由此，步步高手机逐渐销声匿迹，代替它的则是两个崭新品牌 vivo 和 OPPO，其创始人都是段永平的干将。2001 年，陈明永创建了 OPPO 品牌，在 2008 年正式进入手机领域；2011 年，沈炜创立 vivo 品牌，进军智能手机。这两大品牌定位于国际市场，虽然目前 OPPO 已经与步步高没有关系，但是这“兄弟俩”一直是斗而不乱，互相推动成长。

根据counterpoint发布的数据，2018年中国智能手机市场前十大品牌最终排名为：华为（市场占有率25%）、OPPO（18%）、vivo(18%)、小米（12%）、苹果（10%）、魅族（2%）、三星（1%）、中国移动（1%）、金立和中兴（1%），此外其他所有品牌为11%。其中华为实现持续增长，其他九大品牌的出货量则不同程度下滑，金立和中兴是2018年表现最惨的两大品牌，其出货量大幅下滑高达80%。金立的市场份额直接从2017年的4%下滑至1%；在2017年还拥有2%市场份额的中兴，在2018年已然下滑至千分之几[①]。

这样的结果，验证了“剩者为王”这一不变的定律。但纵观国产手机品牌的成功，则是有路径可寻的。其中，华为无论是从芯片、产品的研发，以及强大的渠道拓展而言，都有着可圈可点之处，在此不再赘言。

以OPPO手机为例，其成功有着强大的创新基因。首先，无论是明星代言还是在美颜功能的打造上，OPPO手机更符合年轻人对于手机产品的定位，比如OPPO手机凭借着自己的水滴屏幕以及超级闪充技术，就被众多的消费者认可。这样的定

① 搜狐网. 2018年中国智能手机最终排名：华为第一小米第四，有的暴跌80%[EB/OL]，2019-02-10，http://www.sohu.com/a/294196585_100249636.

位，则基于强大的创新和研发能力。目前，OPPO 在全球就有 6 个研究所，分别设立在北京、上海、深圳、东莞、日本横滨和美国硅谷。

此外，国产手机在拍照功能和技术上的突破，与三星、苹果等相比，差距不大甚至领先一步，比如 vivo、小米，甚至在非洲市场畅销的传音手机，都是如此。

根据国际市场研究机构 IDC 发布的手机季度跟踪报告显示，2018 年第 4 季度，中国智能手机市场出货量约 1.03 亿台，同比降幅 9.7%[①]。显然，手机市场需求一方面在放缓，但手机品牌集中度却在加强。面对未来更为激烈的竞争，无论是有更多的小众品牌，还是今天叱咤风云的手机大品牌，他们的前路都将愈加艰难并充满变数。

① 199IT 网. IDC：2018 年 Q4 中国智能手机市场出货量约 1.03 亿台 同比降幅 9.7% [EB/OL]，2019－02－11，http：//www.199it.com/archives/831564.html.

HANDSET 12

5G 畅想：开启万物互联新时代

“更快、更高、更强”的奥运会精神贯穿着人类社会的发展。通信技术的发展也不外乎如此。享受了从1G到2G的变革，2G到3G的颠覆，3G到4G的飞跃，人们对于即将到来的第五代移动通信技术饱含期待——数据传输速度更快、覆盖智能设备比例更高、端到端连接性能更强。

这样的变化，意味着什么？

在科幻作品中，未来世界里人们只需要隔空一划，就能出现一个悬浮的影像；或者在人的神经中枢植入芯片，从而与同样植入芯片的终端设备实现直接链接。无论是汽车还是飞船，武器还是网络，设备与使用者之间不再受到空间、时间的阻隔。人们不需要亲自来到设备前，就能事无巨细地完成实时的复杂操控。如同在科幻电影中那样，坐在家里，用飞船狙击企图入侵的外星生物，显然这已经是对未来遥远的畅想。

前言中提及，手机发展有5个阶段，第4阶段是5G手机大

变革时代。业界认为，手机通讯从模拟信号发展到今天的4G技术，实现的是人与人之间的链接，而5G实现的则是人与物之间的链接；5G之前的移动互联网是一种消费互联网，5G之后的移动互联网则是产业互联网。

2018年6月14日，3GPP正式批准第五代移动通信（5G）独立组网标准冻结，这标志着首个完整版的全球统一5G标准出炉。由此，2018年正式成为5G元年。随着部分国家开始5G“试水”，2020年或将全面实现商用。尤其是中国，在2019年6月6日，工业和信息化部向中国电信、中国移动、中国联通、中国广电发放四张5G商用牌照，这被外界解读为“提前发放”，显然5G的中国时间已经提前。

实际上，在5G商用之后较长的一个时间段里，对于普通用户来说5G的应用仍然是一种充满想象力的场景。按照国际电信联盟的5G愿景，主要有三大应用场景：增强移动宽带、大规模机器类通信和超可靠低延时通信。普通用户的体验更多体现在网速：5G网速是4G的10倍以上，4G需要几分钟才能下载完的电影，5G几秒钟就可以完成。

5G之后的未来6G、7G乃至于10G又将是什么形态？有学者认为其后是对人与物、物与物之间互联的一种更加完美的修葺。从这个意义上说，5G才是真正带来了通信技术的变革。

因此，可以畅想的是手机到了第 5 阶段，人机物将实现合一，可能呈现出科幻作品中人与其他所有智能终端之间的“万物互联”智能手机。现在他们已经以腕表、戒指或者眼镜的模样出现，未来更有可能成为一枚人类大脑中的芯片。它们的形态各异，但功能内核却不变，它们只是人们接收信息、传递信息的硬件，无论接收到的信息是来自另一个人，还是另一种物。最终握在手里的手机具体形态可能就会消失，成为历史的旧物。

这就是人们对第五代移动通信网络技术应用的遥想。它将伴随智能手机的各种衍生态，成为实现未来世界人与人、人与物实现互联互通的基石；它将初步实现人们与事物更为高效、快速的链接，为未来做第一步的准备。

笔者此前采访爱立信东北亚地区首席市场官张至伟时，他说爱立信研究认为，到 2026 年 5G 带来的收入，将达到 1.307 万亿美元，其中高达 47% 即 6190 千亿美元可被运营商赢得。更重要的是，在一定时期内，5G 将主要在 10 个行业和 200 个案例中集中展开应用。

5G 对商业文明的激发才刚刚开始，对人类生产方式的变革也才刚刚开始。

5G 已然触手可及

技术布局往往开始得很早。在 4G 才施行不久，部分国家的通信商、硬件厂就开始布局 5G 技术了，就像今天 5G 尚未大规模商用之时，美国已经谈及 6G。这让人们对于 5G 的具体细节，不再需要凭空想象，因为技术成果和市场前景就在当下。

可以看到，过去通信网络技术迭代之下，手机产业链条上所覆盖的硬、软件厂商都经历过技术“翻手为云，覆手为雨”的“折腾”。他们有些因为高瞻远瞩的布局从而实现从巨头们的垄断中突围，有些却因为保守迟钝而从神坛跌落，有的因为赌错技术的方向而功亏一篑。谁更快布局，谁将更快适应和享受盛宴；谁慢了一步，谁就将遭到淘汰；谁在创新的道路上稍有偏差，或将误入歧途。

这个逻辑，让具有技术优势的厂商乃至国家，都更快地推出并落地 5G 计划。

其中，早在 2015 年韩国国内三大运营商（SK Telecom、KT、LG U+）就相继展开了 5G 技术开发。同期瑞典老牌电信企业爱立信则更是捷足先登，在 CES 上直接展示了 5G 网络一期项目的基站原型和终端原型机，室内实时下载速度已经超过

3Gbps（千兆比特每秒）。4G 技术的实时下载速度为 100Mbps（兆比特每秒）到 150Mbps，虽然已经比 3G 快了 20 倍到 30 倍，但是与 5G 无法相提并论。

中国在 5G 的布局速度上更为惊人。华为在 2009 年就开始对 5G 技术进行探索。在 2014 年，作为 5G 全球技术的主要参与者和贡献者，中兴通信投入 2 亿人民币用于 5G 领域的研究和开发，并计划从 2015 年到 2018 年投入 2 亿欧元在 5G 以及“万物移动互联”领域的研发。

虽然布局先后差距不大，但韩国成为在世界范围内第一个实现在全国提供 5G 商用的国家——2018 年 12 月 1 日，作为对于通信技术布局较为激进的韩国，其三大通信运营商同时宣布在韩国全境开始发射 5G 信号，并提供 5G 商用化服务。

这背后是韩国对于丧失通信产业这个立锥之地的惧怕。在 5G 推动的过程中，韩国重要的资本巨擘三星电子率先解决了在 6GHz 以上的超高频段传输数据时，存在的损失数据较大、传送距离受限的问题，这为韩国赢得了率先应用的时间。

不得不提及的是，三星电子利用 64 个天线单元的自适应阵列传输技术，最终实现在 28GHz 的超高频段，以每秒 1Gb 以上的速度，达到了传送距离在 2 千米范围内的数据传输。而在此前，全球几乎没有一个企业或机构实现这一成果。该技术的

成功不仅保证了更高的数据传输速度，也有效解决了移动通信波段资源几近枯竭的问题。

这也让三星获得了在美国市场大放异彩的机会，在目前的5G部署中，三星与诺基亚、爱立信并列成为美国市场几大运营商的主要供应商。据媒体报道，目前韩国推出的5G技术，相较于4G制式，在传输速度上提高了近20倍，理论下载速度峰值可提升至201ms Gbps（千兆比特每毫秒），延迟也从此前的10ms（毫秒）降低至1ms以下。这是国际电联IMT－2020对最高速度的标准要求，这意味着手机用户下载一部蓝光高清电影或许不到1秒就可完成。反观美国市场，与韩国5G推出的时间表相近，美国计划到2019年底，部署92个商用5G网络，几乎是排名第二的韩国的两倍，韩国计划为48个，英国有16个[①]。

对于5G的发展，特朗普曾在白宫表示，在无线频谱方面，FCC（美国联邦通信委员会）在采取前所未有的大无畏行动。他说："5G是美国必须赢的竞赛。我们不能允许其他国家在这个未来的强大产业上超越美国。现在我们的伟大企业已经

---

① 中研网. 美国计划年底前在92个城市推出5G网络［EB/OL］，2019－04－15，http：//www. chinairn. com/hyzx/20190415/143831774. shtml.

加入了这个竞赛。据一些估算数据，无线产业计划在5G网络投入2750亿美元，为美国创造300万个就业岗位，让我们的经济增加5000亿美元。”

可以说，在全球范围内，5G已经唾手可得，同时更为激烈的市场、技术争夺战也将全面“打响”。

智能未来：制造业迭代

虽然手机用户1秒就可下载一部高清电影的说法，让人们非常期待充分体验5G时代带来的改变。但目前来看，这些5G技术的福利并非直接面向普通消费者。在韩国首尔，当地不少老百姓都知道5G来了，然而在首尔的手机店里，却买不到5G手机。

这样的情形，被媒体以5G手机的普及“受到终端及配套措施的影响”为主题大书特书。但实际上，5G技术应用第一阶段就是“to B”的——更直观地说，该技术的想象力就是在工业制造领域。商用，是其核心价值。

5G技术效用的目标是高数据传输速率、减少延迟、节约能源、降低成本、提高系统容量和设备连接数量。而本书开篇曾提到通信的原始概念，无论是书信还是电话，其技术效用目标

图12－1 5G网络下的世界，将会更亲密的接触人工智能时代。

都是更快速地实现信息互通。目前来看“实时互通”这个概念便是通信技术发展的巅峰。当人与人实现实时互通后，人与物之间实时互联互通将在5G时代来临。通过5G技术的加码，将突破制造业向人类赋能的极限。

按照爱立信提供给笔者的关于5G应用的一份报告显示，未来5G的商业潜能，在一定时期内主要集中在10个行业中的超过200个案例，10大行业分别是：制造业、能源与公用事业、公共安全、医疗保健、公共交通、媒体与娱乐、汽车、金融服务、零售业、农业。同时，爱立信把200多个案例、10大行业重组成为9个案例组，涵盖几乎90%的潜在5G业务机会，这9个案例是：增强型视频服务、监测与追踪、实时自动化、互联车辆、危险和维护传感、智能监控、远程操作、自动机器人、增强现实。这些行业以及具体的用例，无疑意味着新的机会。

在这个逻辑下，国际电信联盟不仅将5G网络服务定义为增强移动宽带（eMBB），例如手机的应用，还列出了另外两个与制造业休戚相关的应用场景，即超高可靠与低延迟的通信（URLLC）以及海量机器型通信（MMTC）。

“超高可靠与低延迟的通信应用”究竟是什么？仔细去读这个词汇，会发现其虽然非常拗口，但指向非常明确——它将应用在对数据传输、通信网络可靠性、稳定性要求更高，对数据传输速度要求更高、延迟容忍度更低的场景中。

目前，对数据传输提出这类要求的产业集中在工业应用中。例如，汽车制造业正在全力突破的自动驾驶技术，该技术要求对于突发危险迅速识别、迅速传导、迅速处理、迅速反应。即对端到端的数据传输速度要求更高，而目前 4G 时代下，端到端的典型时延是 50 毫秒 –100 毫秒，5G 研究推进机构提出的要求则是理想情况下端到端时延为 1 毫秒，典型端到端时延为 5 毫秒 –10 毫秒左右。1 毫秒意味着什么？人眨眼的速度是 300 毫秒 –400 毫秒。以开车为例，当一辆行驶在高速公路上的汽车以 120 公里每小时的速度驶来，60 毫秒的制动距离是 2 米，而 6 毫秒时延的制动距离为 20 厘米。这个距离差的背后很可能是高速公路事故发生或不发生的分界线。从大的意义上看，5G 技术的超高可靠性与低延迟的通信应用可以带来汽车制造行业在自动驾驶上的升级，保护人们的生命安全。从小的应用来看，其甚至可以是可穿戴设备提升数据传输速度

后，为人们带来的舒适、便捷以及极致的体验。

另外还有一个最具象的应用场景，就是共享单车。在当前4G技术支撑下，扫码打开共享单车的时间需要以几秒十几秒计算，在通信条件不好的情况下，甚至要等待一分钟。但在5G条件下，这些问题都迎刃而解，这或许让共享单车进入新的升级阶段。

在2016年前后虚拟现实/增强现实（VR/AR）这两个词火了一把。这一年A股VR/AR产业链上的个股狂飙上涨，这一年各大酒店都迎来送往各式各样的VR/AR论坛，VR/AR会议。但是很快VR/AR这两个词就冷却了。2017年三大VR厂商——索尼、HTC和Oculus已经开始陆续降价，AR项目更是渐无影踪。这是因为人们无法解决VR设备目前较差的交互体验，例如眩晕感。而这又源于VR场景所需的庞大数据量传输问题——延时和网络负载均衡，无法得到解决。AR项目更受制于此。

但是5G技术中增强移动宽带的应用或将为这一现状带来改变。看到希望的VR厂商和研究机构喊出："5G时代才是VR的时代！"其中中国移动研究院副院长魏晨光认为："VR将成为5G率先成熟的应用场景，5G的特性与VR的结合将为各行各业的发展带来更大的想象空间，应助力（赋能）VR成为5G 应用的头号玩家。”

这是充满了想象力并且就在路上的事。就在 2018 年年底，丰田汽车公司通过与 NTT Docomo 合作，利用5G 网络和 VR 技术，在约 10 公里外的地方远程成功操控了第三代人形机器人。而更早之前，东京电视台控股有限责任公司和 NTT Docomo 公司进行了通过 5G 网络让观众在 VR 空间共同观赏体育的“VR 社交观看”通信演示实验。而这一尝试，让资本看到了机会。韩国 KT 就盯上了用 VR 让观众在5G 网络下观看 NBA 直播的生意。

而这在 4G 时代是无法实现的。“5G 作为一个关键必要因素将是未来 VR 产业的引爆点。”华为技术有限公司 VR/AR 总裁李腾跃如此总结。由此可见，制造业的厂商们也充满了新的希望。

除了这些让人兴奋、近在咫尺的畅想外，国际电信联盟列出的另一个应用场景——海量机器类通信更值得行政机构、城市管理机构关注。海量机器类通信被认为将在物联网领域“大行其道”。在 2018 年中信集团人工智能案例展示中，隆平高科的智慧农业项目就吸引了很多目光。数字化已经是现代农业最为重要的转型方向，而其背后是大量传感器收集的土地、农作物以及天气的海量数据，例如土壤温湿度数据、农作物生长

数据、空气二氧化碳、氧气浓度数据，传感器之间的数据传输、实时监测已经展开了应用。该项目正是存在小数据包、低功耗、海量连接等特点。而5G时代数据传输速度更快，实时传达性更高，数据量载荷能力更强，且终端功耗成本更低。5G技术为传统农业大规模地向智慧化、数字化、现代化迭代升级提供了有力的基础。而这也给相关产业带来了传感器制造的大额订单，乃至农机设备升级的迭代需求。可见，制造业有着清晰而明朗的方向。

同时，更为重要，也是目前大量城市、企业重点布局的智慧城市，也将在5G时代迎来“升级换代”。其智能电网、智慧交通、智慧安防，变电站、电能表、公交系统、天网天眼等，海量的城市设备之间的数据传输、数据载荷问题将在5G技术的应用中得到解决——即在终端上安装芯片，收集信息，互相传输共享，形成互联互通。

中国社会科学院城市信息集成与动态模拟实验室主任刘治彦就曾提及，“未来，随着5G时代的到来，大容量、低延时的网络传输将变为现实，人类将进入万物互联的物联网时代，智慧城市建设将步入一个崭新阶段。”

一个充满未来感、想象力的画面是：清晨7点，智慧家居启动，窗帘自动拉开，阳光打在脸上，人们苏醒。他们唤一声智能机器人的名字，说出自己喜欢的歌，音响开始播放。厨房里定时启动的吐司机已经烤好了面包。楼下有已经预热并调节好车内温度的汽车，通过智慧城市实时共享交通信息选取好最通畅的线路。人们与生活、与机械、与城市之间的隔阂已然瓦解冰消。而这背后，正是强大的新一代移动通信技术的支撑。

在 5G 时代，智能手机的逻辑将被放置在电表上、水表上、天眼上，他们都将成为数据收集者，传送者，接收者。这是制造业、服务业等诸多行业升级换代的基石，更是 5G 给时代的梦想。

5G 的中国时间

在韩国 5G 商业抢跑的情况下，全球 5G 时代拉开序幕，竞争也更加白热化。在全球 5G 第一梯队中，与“美、日、韩”共同占据技术、标准、产业优势的中国，已提前在 2019 年 6 月发放 4 张 5G 牌照，在全球 5G 应用中“抢跑”。

中国的“抢跑”，则是用自己的实力和市场作为鸣枪号令。

实际上，当韩国开始在全国范围开启 5G 商用的同时，中国国内 5G 推进也在加速。2018 年 11 月末，中国通信标准化

协会（CCSA）网络5.0技术标准推进委员会（TC614）在北京正式成立。中国联通主导的首个5G终端一致性测试标准发布，多个省市开通5G基站。就在2018年3月，中兴通信联合中国移动广东公司在广州成功打通了基于3GPPR15标准的第一个电话；2018年12月1日，安徽移动携手华为打通5G演示第一个电话，实现5G跨省视频通话互联……运营商们在5G的布局上，已然加速跑马圈地。

正因为这一速度，在全球范围内，投资机构对于中国的期待是巨大的。研究机构安永于2018年6月发布的《中国扬帆启航，引领全球5G》报告显示，中国将5G商用发布时间表提前至2019年，很可能成为全球最先部署5G的几个主要市场之一。预计到2025年，中国的5G用户数将达到5.76亿，占全球总数逾40%[①]。如今，安永的判断已然成为现实，中国确实提前了自己的5G时间表。

在外界看来，中国通信行业的优势来自顶层设计。即从领导层对于行业发展的议程到一揽子相关发展计划的推出、政策方面的扶持到企业竞争，都打造出了一个完整的生态系统。但

① 199IT网．安永：中国扬帆启航 引领全球5G［EB/OL］，2018－06－27，http：//www.199it.com/archives/741454.html.

实情是，中国的5G推进远没有4G时代激进，而是稳扎稳打地推动，以期在5G落地的时候，相关产业也达到相应的成熟期，即产业环境和产业链的稳健以及实现5G应用场景的“顺理成章”。

从运营商的角度来看，对5G项目的大规模投资是符合商业逻辑的。从技术迭代的层面来看，5G技术实现了“更强、更高、更快”的效用，为大量智能场景的应用需求提供了出口，而这将对运营商带来显著的商业价值。

更为重要的是，在4G时代，中国市场在2018年度的手机用户规模达到了15.7亿部[①]。这些用户是已经被流量付费规则“教育过”的一代。运营商“打包式”的移动流量资费项目让这些用户的日常流量使用暴涨，例如看视频、刷抖音、玩游戏，这些“耗流量”的App越来越多，人们也使用得越来越顺手。

一个非常直观的现象是，在地铁上看抖音视频、玩在线游戏的乘客越来越多，“缓存视频”和单机游戏不再是娱乐的主

① 中关村在线. 工信部2018年手机用户统计数据［EB/OL］，2019－03－26，https：//baijiahao. baidu. com/s？ id＝1629057729896407160&wfr＝spider&for＝pc.

选项。可以说，在这一背景下，用户的流量使用习惯已经基本养成。而在新的技术环境下，这些用户将追求5G带来的更快网速体验，例如更高清的视频、更难操作的游戏，甚至VR/AR等等，而这都将为运营商带来利润。

与此同时，通过分析目前的4G市场情况，国泰君安证券的分析师提到："国内三大运营商中，移动的4G用户规模遥遥领先，而对比三家运营商2007——2017年的资本开支规模，不难发现中国移动在4G建设时期的资本开支规模远大于中国电信和中国联通，也就是说资本开支投入决定着网络投资力度，也决定着网络性能和业务优势。"而这也将成为运营商对5G投入互相角力的关键。

智研咨询发布的《2017－2023年中国5G行业分析与投资决策咨询报告》显示，5G全覆盖预计累计投资2.3万亿左右，投资规模是4G的4倍。

在5G的应用场景上，该报告还预测了中国5G时代来临后，各相关产业的爆发周期。到了2022年，大规模商用部署，2023年VR/AR行业迎来真正爆发，2025年自动驾驶爆发。

在中国信息通信研究院、华为技术有限公司发布的《中国虚拟现实应用状况白皮书（2018年）》中，虚拟现实正为5G

网络的市场经营和业务发展探索新的机会。其中，该白皮书提出虚拟现实在教育、医疗、直播领域都将在2020年到2025年间迎来几何级的高速增长。而这正是5G技术落地并推进的年份，诸多领域将因为5G而迎来行业的变革，并给下游的运营商带来前所未有的机会。

比如，在自动驾驶方面，中国的汽车制造商，例如长安汽车，早已经布局，而中国车企迎来自动驾驶真正的爆发也将是5G时代到来后。工业和信息化部制定工作方案，计划到2020年突破自动驾驶智能芯片等关键技术，智能汽车产业链技术有望迎来快速突破与发展。同时中国的车联网时代也将在2020年以后，随着5G带来的变革而展开。

此外，在5G的技术研发、产品推进和商用布局上，华为首当其冲。根据研究机构Iplytics发表的数据[①]，截至2019年3月份，中国公司已申请了全球5G专利的34%左右，其中华为占据了全球15%的5G专利，这远高于诺基亚的14%、爱立信的9%、高通的8~9%；在5G基站建设中，华为之前一举击败传统通信设备供应商诺基亚和爱立信等，拿下全世界超过

① 199IT网．IPlytics：截止2019年3月全球5G专利中国占比高达34%［EB/OL］，2019-05-05，http：//www.199it.com/archives/871015.html.

30 个 5G 合同，售出近 3 万座 5G 基站；在手机产品推广上，华为首款 5G 版本的 mate20X，已经于 2019 年 5 月 2 日直接在瑞士上市，官方价格为 997 瑞士法郎，折合人民币 6000 元左右，这个价格相比其他的 5G 手机可谓是最低价了。

由此，在中国的 5G 时间里，多领域正在以开放的姿态，拥抱 5G 移动互联网时代。华为在 5G 领域的高歌猛进，已经让其他国家和电信巨头们惴惴不安，甚至出现了让全球瞩目的“插曲”。当地时间 2018 年 12 月 1 日，加拿大政府应美国的要求，在温哥华逮捕了华为公司副董事长、CFO 孟晚舟。随后，经过加拿大不列颠哥伦比亚省高等法院举行的保释听证会，孟晚舟于当地时间 12 月 11 日下午获得保释。

孟晚舟是华为公司副董事长、CFO。她更知名的身份，是华为公司创始人任正非的长女。至于孟晚舟被美国要求逮捕的原因，加拿大《环球邮报》报道称，理由是“华为涉嫌违反了美国对伊朗的贸易制裁规定”，这与中兴通信被制裁事件如出一辙。

“孟晚舟事件”的背后，显然是中美贸易纠纷的“局部摩擦”。不光禁止华为进入本国市场，美国还要求德国、意大利、日本、英国、新西兰、澳大利亚等盟友停止采购华为的产品。

澳大利亚和新西兰已经明确表态，拒绝华为参与本国 5G 项目。此外，英国也一度跟进表态“封杀”华为。2018 年 12 月 5 日中午，也就是孟晚舟被加拿大警方带走的第 4 天，全球顶尖电信运营商英国电信（BT）宣布，在 2016 年收购的另一家英国运营商 EE 的网络中，将把华为生产的核心网设备从 4G 网络中“剥离”出来。同时，将华为排除在竞标 5G 核心网的名单之外。

即使如此，也无法阻挡华为在全球发展的步伐。2017 年，华为实现全球销售收入 6036 亿元人民币，海外收入占到一半。2018 年底，华为轮值董事长徐直军正式对外宣布：2018 年，华为营收将同比增长 17% 左右，超过 7000 亿人民币，正式成为千亿美元俱乐部成员之一[①]。

这是继苹果、三星之后，全球加入千亿美元俱乐部的第 3 家电子行业公司。

至于“孟晚舟事件”最终如何解决，是否会影响到中美贸易的谈判进度，目前尚不得而知。但是自 2019 年春节到 6 月间，原来“封杀”或者反对华为的一些国家，呈现出妥协或者暧昧的态度，甚至有的表态：“未将华为技术有限公司排除在

---

① 凤凰网. 沸腾！华为刚刚正式宣布，年收入破 7000 亿... [EB/OL], 2018 - 12 - 04, http://wemedia.ifeng.com/91341824/wemedia.shtml.

该国发展5G无线通信网络之外。”

毕竟拒绝华为以及华为带来的5G技术，可能会给自己国内5G的布局带来滞后性。这也凸显出在技术、利益与政治之间的博弈过程中，技术具有无可比拟的强大推动力，也论证了邓小平提出的“科学技术是第一生产力”。

如今，我们正站在2019年这个神奇的年份上。在笔者撰写这本书时，全球5G技术正在加速，当完成最后一章时，韩国成为世界上第一个全面迎来5G的国家，中国也全面开启5G大规模商用的大幕。这个时代已然来临了。它充满了小时候科幻故事中对未来的无数想象，不用人来驾驶的汽车，互相交换信息的城市基建。它开启了人们对未来最为美好的畅想，并正在全力以赴地朝那里奔去。

对中国而言，在通信技术上真正成为全球领军者的机会就在眼前。它承载着的不仅仅是一次移动通信技术的迭代，而是无数制造业、消费业的全面升级。人们曾经说，中国没有被命运女神抛弃，因为中国没有错过互联网。中国牢牢地抓住了这个时代最为振奋的脉搏，我们期待在移动互联网时代，中国市场焕发出自己无与伦比的光彩。

参考资料

[1] 晏耀斌．“明星”并购者紫光：赵伟国背后的“国家队”［N］．中国经营报，2018. 1. 14.

[2] 李正豪．三星：在中国为适应市场环境而变［N］．中国经营报，2017. 7. 4.

[3] 董军，杨元庆．运营商渠道的成功反倒害了联想［N］．中国经营报，2016. 5. 16.

[4] 姜虹．寻呼业真的成为“夕阳”产业了吗？［N］．中华工商时报，2002. 5. 31.

[5] 齐介仑．吴鹰下台内幕：成也小灵通败也小灵通［N］．中国商人，2007. 10. 30.

[6] 杜舟．中国移动逼宫竞争对手之心昭然若揭 小灵通频段立马让位TD有困难［N］．IT时代周刊，2009. 1. 21.

[7] 卜祥．华为联想手机风云［N］．财经天下，2016. 1. 5.

[8] 新浪科技．传华为正自研操作系统取代Android且涉PC操作系统［EB/OL］．［2018 -04 -29］. https：//tech. sina. com. cn/t/2018 -04 -29/doc -ifzvpatq8577413. shtml? cre = sinapc -&mod =g.

[9] 国际贸易．因涉嫌违反美国对伊朗的贸易制裁规定，华为CFO孟晚舟在加拿大被逮捕［EB/OL］．［2018 -12 -06］. http：//www. sofreight. com/news_ 29301. html.

[10] 前瞻网. 2018年智能手机渗透率将达66% 中国用户破13亿印美国随后 [EB/OL]. [2017-10-19]. https://www.sohu.com/a/198839264_114835

[11] 吴军. 浪潮之巅 [M]. 北京：人民邮电出版社，2013.7.

[12] 李祖鹏. 手机改变未来 [M]. 北京：人民邮电出版社，2012.5.

[13] 金燕，王琼华，吉腾渝. 手机文化产业研究 [M]. 北京：中国书籍出版社，2016.6.

[14] 詹姆斯·格雷克. 信息简史 [M]. 高博，译. 北京：人民邮电出版社，2013.12.

[15] 沃尔特·艾萨克森. 乔布斯传 [M]. 北京：中信出版社，2011.11.

[16] 杰里米·里夫金. 零边际成本社会：一个物联网、合作共赢的新经济时代 [M]. 北京：中信出版社，2014.11.

[17] 保罗·莱文森. 手机：挡不住的呼唤 [M]. 何道宽，译. 北京：中国人民大学出版社. 2004.8.

[18] 克里斯·安德森. 免费：商业的未来 [M]. 蒋旭峰，冯斌，璩静，译. 北京：中信出版社，2009.9.

[19] 施继兴. 东信怎么办? [M]. 北京：中国言实出版社，1998.3.

[20] 托马斯·弗里德曼. 世界是平的 [M]. 何帆，肖莹，郝正非，译. 湖南：湖南科学技术出版社，2006.11.

[21] 约玛·奥利拉，哈利·沙库马，等. 诺基亚总裁自述-重压之下 [M]. 王雨阳，译. 北京：文汇出版社，2018.1.

[22] iiMedia Research. 2017-2018中国在线直播行业研究报告 [R/OL]. [2018-01-25]. https://www.iimedia.cn/c400/60511.html.

[23] IDC. 2018 年第四季度中国智能手机市场报告 [R/OL]. [2019-02-14]. http://www.cnmo.com/news/655912.html.
[24] 中国信息通信研究院. 中国虚拟现实应用状况白皮书（2018 年）[R/OL]. [2018-09-28]. http://www.199it.com/archives/780276.html.
[25] iSuppli. 中国山寨手机年规模 1.45 亿部 2012 年顶峰 [R/OL]. [2009-11-06]. http://mobile.yesky.com/228/9274728.shtml.
[26] 安兔兔评测机构. 安兔兔发布：2017 年全球山寨机报告 [R/OL]. [2018-01-19]. https://baijiahao.baidu.com/s?id=1590024878777158453&wfr=spider&for=pc.